3
1971

Faserforschung und Textiltechnik

WISSENSCHAFTLICH-TECHNISCHE ZEITSCHRIFT FÜR DIE CHEMIEFASER- UND TEXTILINDUSTRIE

BEGRUNDET VON
ERICH CORRENS UND WALTER FRENZEL

HERAUSGEGEBEN VON ERICH CORRENS
WOLFGANG BOBETH – HANS BÖHRINGER – HERMANN KLARE
BURKART PHILIPP – CHRISTIAN RUSCHER

SCHRIFTLEITER J. BRÄMER UND I. RUSCHER

AUS DEM INHALT

Philipp, Dautzenberg, Reinisch, Ruscher, Schmiedeknecht, Winkler und Zimmermann
Entwicklungslinien der Chemiefaserforschung im Rahmen der Polymerwissenschaft

Kaufmann
Physikalische Probleme bei der Einwirkung ultravioletter und sichtbarer Strahlung auf synthetische Faserstoffe

Michajlov
Strukturuneinheitlichkeit von fadenbildenden Polymeren und Herstellungsmechanismus von wäßrigen kolloiden Dispersionen auf ihrer Basis

Dittmann
Strukturbildung und -änderung bei der Erspinnung, Reckung und Nachbehandlung von Polyamid-6-Fäden

Rogovin und Virnik
Modifizierte Cellulosematerialien für Medizin und Biologie

Preston
Hochtemperaturbeständige Fasern aus geordneten Copolymeren

Neue Bücher

Patentschau

Literaturschau

AKADEMIE-VERLAG BERLIN

Faserforsch. u. Textiltechnik • 22. Jahrg. • Heft 3 • Seiten 111—170 • Berlin im März 1971

DK 677.494.745.32:677.494.021.5:677.494.021.8:677.494.021.925:539.216.1:621.796

Flath, Hans-Joachim

Die Veränderung der spezifischen Oberfläche von Polyacrylnitrilfaserstoffen während des Herstellungsprozesses

Faserforsch. u. Textiltechnik **21** (1970) 6, S. 229—232. 1 Abb., 4 Tab., 5 Lit.

Es wird über die Veränderungen der inneren Oberfläche naßgesponnener Polyacrylnitrilfaserstoffe unterschiedlicher Zusammensetzung im Verlaufe der Nachbehandlung berichtet. Dabei werden die Einflüsse beim Trocknen, bei thermischen und hydrothermischen Einwirkungen berücksichtigt. Daneben wird auf Veränderungen während der Lagerung von Feuchtfasermaterial sowie auf die Abhängigkeit der Adsorptionsenergie vom Strukturzustand des Faserstoffes hingewiesen.

DK 677.494.675'126:541.124:541.127.1:547.281.1:546.131:547.821

Reinisch, Gerhard, und *Ulrich, Hans-Heinz*

Zur Reaktion von Polycaprolactam mit Formaldehyd
Teil III. Kinetik der Formaldehydaufnahme und der Hydroxymethylgruppenabspaltung

Faserforsch. u. Textiltechnik **21** (1970) 6, S. 232—236. 4 Abb., 9 Tab., 2 Lit.

Die Reaktion von Polycaprolactamcord mit Formalin in Gegenwart von HCl bei 60 °C (I) sowie mit gasförmigem Formaldehyd unter erhöhtem Druck ohne Katalysator (II) und in Anwesenheit von Pyridin (III) wurde untersucht. Nach I und II wird methylenvernetztes Hydroxymethylpolycaprolactam erhalten, nach dem Verfahren III wurden nur Hydroxymethylgruppen eingeführt.
Die Reaktion I gehorcht bis zu einem Umsetzungsgrad von 0,10 der *Sakurada*-Gleichung.
Die thermische Hydroxymethylgruppenabspaltung bei 120 bis 160 °C verläuft nach einer Reaktion erster Ordnung.

DK 678.675'126:[678-9.02:66.095.26]:677.862.25:[678.02:66.995.3]:547.281.1:541.124.2

Simionescu, Cristofor I., Feldman, Dorel I., und *Theil, Ingeborg*

Pfropfung von Polyamiden

Faserforsch. u. Textiltechnik **21** (1970) 6, S. 237—241. 7 Tab., 10 Lit.

Es wird über ein Verfahren berichtet, das durch Kondensation der Polyamide mit Formaldehyd und aromatischen Aminen, Diazotieren und Kuppeln zu farbigen Polymeren führt. Die mit Aminen modifizierten Polyamide können zur Initiierung der Pfropfung von Vinylmonomeren verwendet werden.

DK 678.674'524'420:541.128:[678.02:66.095.3]:546.86

Zimmermann, Heinz, und *Schaaf, Eckehart*

Modelluntersuchungen über die katalytische Wirksamkeit von Antimonverbindungen bei der Polyäthylenterephthalatbildung

Faserforsch. u. Textiltechnik **21** (1970) 6, S. 242—246. 5 Abb., 11 Lit.

Die Ursachen für die mangelhafte katalytische Aktivität von Antimonverbindungen bei der Umesterung des Terephthalsäuredimethylesters mit Äthylenglykol und in der Anfangsphase der Polykondensation des Bis-(2-hydroxyäthyl)-terephthalates wurden unter Modellbedingungen untersucht.

DK 678.674'524'420:539.193:539.26:541.6:541.621:543.422.4

Schönherr, Freimut

Über Zusammenhänge zwischen Konformationszustand und Kristallinität von Polyäthylenterephthalat

Faserforsch. u. Textiltechnik **21** (1970) 6, S. 246—250. 6 Abb., 26 Lit.

Es wird der Versuch unternommen, durch Korrelation der IR-spektroskopisch bestimmten rotationsisomeren Formen des Äthylenglykolrestes von Polyäthylenterephthalat Aussagen über Zusammenhänge zwischen dem Konformationszustand und der Kristallinität zu gewinnen. Die Interpretation erfolgt auf der Grundlage eines Phasendiagrammes von Polyäthylenterephthalat.

DK 678.674'524'420:543.422.4:539.26:541.6:678.029.73

Danz, Rudi, Dechant, Johannes, und *Ruscher, Christian*

Ultrarotspektroskopische Untersuchungen über den Ordnungszustand von Polyäthylenterephthalat

Faserforsch. u. Textiltechnik **21** (1970) 6, S. 251—254. 7 Abb., 1 Tab., 14 Lit.

Die Vergrößerung des Ordnungsgrades von Polyäthylenterephthalat drückt sich in den Extinktionszunahmen der Ordnungsbanden aus. Einige Ordnungsbanden, die erst bei Temperaturen über 180 °C auftreten, werden mit länger gereckten Kettenabschnitten in Zusammenhang gebracht und sind als Regularitätsbanden anzusehen. Die ultrarotspektroskopischen Untersuchungen zeigen, daß beim Tempern oberhalb 235 °C ein partielles Schmelzen der PÄT-Proben stattfindet.

DK 547.458.82:661.728.63:674.032.13:66.065.2:541.6

Linow, Karl-Joachim, und *Philipp, Burkart*

Vergleichende Untersuchungen zur Fällungsfraktionierung von Cellulosecarbanilat und Cellulosenitrat

Faserforsch. u, Textiltechnik **21** (1970) 6, S. 255—258. 5 Abb., 1 Tab., 18 Lit.

Ein heißveredelter Fichtensulfit-Zellstoff wurde sowohl als Nitrat als auch als Carbanilat fraktioniert. Die Unterschiede in den erhaltenen Verteilungskurven werden diskutiert. Gleichzeitig werden methodische Hinweise zur Durchführung einer Kettenlängenfraktionierung des Carbanilats gegeben.

Kurze Mitteilungen

DK 661.728.84:677.463.021.435:677.463.021.319

Treiber, Erich

Einige Notizen zur Auswertung von Filtrierbarkeitsmessungen an Viskose

Faserforsch. u. Textiltechnik **21** (1970) 6, S. 259—261. 3 Abb., 3 Tab., 5 Lit.

DK 678.675'126—493:677.494.028.4:677.494.051.5—181.4:677.494.061.7

Dietrich, Klaus, und *Versäumer, Heinz*

Schmelzspinnvorrichtung für kleine Substanzmengen

Faserforsch. u. Textiltechnik **21** (1970) 6, S. 261—263. 2 Abb., 1 Tab., 4 Lit.

Neue Bücher S. 263—265.

Patentschau S. 265—267.

Literaturschau S. 268—270.

Die Zeitschrift „Faserforschung und Textiltechnik" erscheint monatlich in Heften zu 48 Textseiten im Format A 4. Der Preis für das Einzelheft beträgt M 15,— (Sonderpreis für DDR M 0,), für den Vierteljahrbezug M 45,— (Sonderpreis für DDR M 27,—), zuzügl. Bestellgeld. Die Berechnung erfolgt zu Beginn eines Vierteljahrs für 3 Hefte. Bestellungen aus dem Gebiet der Deutschen Demokratischen Republik an ein Postamt, eine Buchhandlung oder den Verlag, aus der Deutschen Bundesrepublik an eine Buchhandlung oder die Auslieferungsstelle Kunst und Wissen, Erich Bieber, 7 Stuttgart 1, Wilhelmstraße 4—6, aus dem Ausland an eine Importbuchhandlung, den Deutschen Buch-Export und -Import GmbH., 701 Leipzig, Postschließfach 276, oder den Akademie-Verlag GmbH., 108 Berlin, Leipziger Str. 3—4 (Fernruf: 220441; Telex-Nr. 0112020; Postscheckkonto 35021) erbeten. Bestellnummer dieses Heftes: 1014/21/6. Alleinige Anzeigenannahme DEWAG-WERBUNG, 102 Berlin, Rosenthaler Str. 28/31, und alle DEWAG-Betriebe in den Bezirksstädten der DDR. — Bestellungen in der UdSSR nehmen entgegen: Städtische Abteilungen von „SOJUZPECHATJ" bzw. Postämter und Postkontore.

Herausgeber und verantwortlich für den Inhalt: Prof. Dr. Dr. Erich Correns, Institut für Faserstoff-Forschung der Deutschen Akademie der Wissenschaften zu Berlin, 153 Teltow-Seehof, Fernruf: Teltow 4831; Prof. Dr.-Ing. habil. Wolfgang Bobeth, Institut für Technologie der Fasern der Deutschen Akademie der Wissenschaften zu Berlin, 801 Dresden, Hohe Str. 6, Fernruf: 44721; Prof. Dr.-Ing. Hans Böhringer, Institut für Textiltechnologie der Chemiefasern Rudolstadt, Fernruf: Rudolstadt 2031; Prof. Dr. Hermann Klare, Prof. Dr. habil. Burkart Philipp und Dr. Christian Ruscher, Institut für Faserstoff-Forschung der Deutschen Akademie der Wissenschaften zu Berlin, 153 Teltow-Seehof, Fernruf: Teltow 4831. Schriftleiter: Joachim Brämer und Dipl.-Chem. Ingeborg Ruscher, 153 Teltow-Seehof, Kantstr. 55. Verlag: Akademie-Verlag GmbH., 108 Berlin, Leipziger Str. 3—4. Satz und Druck: Druckhaus „Maxim Gorki", 74 Altenburg. — Veröffentlicht unter der Lizenznummer 1280 des Presseamtes beim Vorsitzenden des Ministerrates der Deutschen Demokratischen Republik.

Manuskriptsendungen sind an einen der Herausgeber oder die Schriftleitung zu richten. Für Inhalt und Form gelten die „Richtlinien für die Annahme und Abfassungen von Beiträgen", erhältlich von der Schriftleitung. Die Verfasser größerer wissenschaftlicher Arbeiten erhalten außer dem Honorar ein Heft und 50 Sonderdrucke ihrer Arbeit unentgeltlich. Nachdrucke sowie Übersetzungen in fremde Sprachen des Inhalts dieser Zeitschrift und deren Verbreitung — auch auszugsweise mit Quellenangabe — bedürfen der schriftlichen Vereinbarung mit dem Verlag.

Faserforschung und Textiltechnik

WISSENSCHAFTLICH-TECHNISCHE ZEITSCHRIFT FÜR DIE CHEMIEFASER- UND TEXTILINDUSTRIE

Band 21 | Juni 1970 | Heft 6

Die Veränderung der spezifischen Oberfläche von Polyacrylnitrilfaserstoffen während des Herstellungsprozesses

Hans-Joachim Flath

Technische Universität Dresden, Sektion Chemie

Meinem hochverehrten Lehrer, Herrn Prof. Dr. Ing. *G. von Hornuff*, zum 70. Geburtstag gewidmet.

DK 677.494.745.32:677.494.021.5:677.494.021.8:677.494.021.925:539.216.1:621.796

Es wird über die Veränderungen der inneren Oberfläche naßgesponnener Polyacrylnitrilfaserstoffe unterschiedlicher Zusammensetzung im Verlaufe der Nachbehandlung berichtet. Dabei werden die Einflüsse beim Trocknen, bei thermischen und hydrothermischen Einwirkungen berücksichtigt. Daneben wird auf Veränderungen während der Lagerung von Feuchtfasermaterial sowie auf die Abhängigkeit der Adsorptionsenergie vom Strukturzustand des Faserstoffes hingewiesen.

Изменения удельной поверхности полиакрилонитрильных волокон в процессе их получения

Изучены изменения внутренней поверхности сформованных по мокрому способу полиакрилонитрильных волокон различного состава в процессе отделки. При этом было учтено влияние процесса сушки, а также термических и гидротермических воздействий. Кроме того, установлены изменения структуры волокон при хранении во влажном состоянии и найдена зависимость энергии адсорбции от структуры волокна

Changes of the Specific Surface Area of Polyacrylonitrile Fibres During Processing

The Changes of the internal surface area of wet-spun polyacrylonitrile fibres of various composition during processing have been investigated. The effects of heat and wetness during drying, the changes occuring on storage of wet fibres and the dependence of absorption energy on the fibre structure were considered.

1. *Einführung*

In einer vorangegangenen Arbeit [1] wurde bereits über die bei der Bestimmung der spezifischen Oberfläche nach der Tieftemperatur-Gassorptionsmethode angewendeten Untersuchungsverfahren und die verschiedenen Literaturangaben zusammenfassend berichtet.

In der vorliegenden Arbeit werden Ergebnisse über verschiedene Polyacrylnitrilfaserstoffe mitgeteilt, die nach der Tieftemperatur-Gassorptionsmethode mit Argon und Stickstoff bei 77,4°K untersucht wurden. Die Auswertung erfolgte nach der Theorie der Mehrschichtenadsorption nach *Brunauer*, *Emmett* und *Teller* [2] mit Hilfe des bekannten Flächenbedarfes für ein Sorbendmolekül. Es fanden die Veränderungen während des Trocknungsvorganges sowie während hydrothermischer und thermischer Einwirkungen Berücksichtigung, da diese sich im Verlaufe anderer Untersuchungen als entscheidend für die Struktureigenschaften des Fasermaterials herausgestellt hatten.

2. *Praktische Durchführung*

Für die Versuchsdurchführung fand die bereits beschriebene Apparatur nach *Landrock* [1] Verwendung. Als Meßgas wurde bevorzugt Argon, in einigen Versuchen auch Stickstoff angewendet.

Der Probenumfang wurde so bemessen, daß bei der Sorption ein genügend großer Druckunterschied entsteht, der eine ausreichende Ablesegenauigkeit gewährleistet. Die Menge an zugegebenem Meßgas ergab sich nach einer vielfach möglichen Abschätzung des zu erwartenden Oberflächenwertes aus den in der zitierten Arbeit [1] angegebenen Formeln (6) bis (11).

Vor Beginn der Untersuchungen wurde eine sorgfältige Entgasung bei maximal 65°C vorgenommen, um so mit Sicherheit Strukturänderungen zu vermeiden. Eine vollständige Entfernung von sorbierten Gasen und Dämpfen war nach 12 bis 16 h festzustellen.

2.1. *Untersuchungsmaterial*

Das Untersuchungsmaterial wurde unter Produktionsbedingungen hergestellt. Es handelt sich dabei um

— WOLPRYLA-Reinpolymerisatfaser, nach dem Hexantriol-Verfahren hergestellt;
— WOLPRYLA-61-Copolymerisatfaser, nach dem Naßspinnverfahren in Wasser hergestellt, mit einem Vinylacetatanteil;
— WOLPRYLA-65-Copolymerisatfaser, nach dem Lösungspolymerisations- und Naßspinnverfahren in Wasser hergestellt, mit Anteilen an Acrylaten und einer sauren Komponente.

Alle Proben wurden dem Produktionsprozeß nach dem Spinnen, Recken und Auswaschen des Lösungsmittels im spinnfeuchten, unpräparierten Zustand entnommen. Bei WOLPRYLA-61 wurde vergleichsweise ein Material in die Untersuchungen mit einbezogen, das nach dem Auswaschen des Lösungsmittels einer kurzen hydrothermischen Behandlung von ca. 3 s Dauer in einem kochenden Wasserbad unterzogen worden war.

2.2. *Vorbehandlung des Untersuchungsmaterials*

Während des Produktionsprozesses im Trockner auftretende Hitzeeinwirkungen auf das feuchte Fasermaterial können nur schwer unter Laborbedingungen reproduzierbar nachgeahmt werden. Aus diesem Grunde wurde das

Material zunächst bei Raumtemperatur getrocknet und dann einer Wärmebehandlung (Temperung) von 10 min Dauer unterworfen. Dabei muß aber berücksichtigt werden, daß die gleichen Temperaturen in Gegenwart von Wasser zu stärkeren Strukturänderungen führen, da offensichtlich das Wasser als Gleitmittel wirksam werden kann. Die angegebenen Veränderungen sind also unter Praxisbedingungen in verstärktem Maße zu erwarten.

Um auch über die Ausgangsstruktur im feuchten Fasermaterial Aussagen machen zu können, wurden weitere Proben einer Gefriertrocknung bzw. einem Lösungsmittelaustausch unterzogen [1].

3. *Ergebnisse und deren Diskussion*

3.1. *Trocknungsbedingungen*

Die Untersuchung der spezifischen Oberfläche nach der Tieftemperatur-Gassorptionsmethode kann nur im trocknen Zustand durchgeführt werden. Um eine möglichst geringe Veränderung der im feuchten Zustand vorliegenden Faserstruktur zu erhalten, wurde an WOLPRYLA-65-Feuchtfaser eine Gefriertrocknung vorgenommen. Da diese jedoch sehr aufwendig ist, erfolgte ein Vergleich mit dem Lösungsmittelaustauschverfahren, wobei sich ein stufenweiser Austausch mit Methanol/Wasser-Gemischen abnehmenden Wassergehaltes und anschließend mit n-Pentan als günstig herausstellte. Wichtig ist dabei, daß das zuletzt angewendete Lösungsmittel eine geringe Oberflächenspannung aufweist. So ist schon darauf hingewiesen worden [1], daß sich n-Heptan als wesentlich ungünstiger erwiesen hat als n-Pentan. Im Vergleich dazu werden die Werte für Faserstoffe angegeben, die bei Raumtemperatur an der Luft getrocknet wurden.

Die gefundenen Werte für die spezifische Oberfläche wurden in Tabelle 1 zusammengestellt. Die wiedergegebenen Zahlen stellen Mittelwerte aus 2 bis 4 Messungen dar. Abweichungen der Einzelwerte untereinander belaufen sich im allgemeinen auf 1 bis 2%, in Ausnahmefällen bis 5%.

Die wiedergegebenen Werte lassen erkennen, daß bei der Gefriertrocknung die größte spezifische Oberfläche erhalten wird, das Material ist also anscheinend am wenigsten verändert. Der Lösungsmittelaustausch verringert die spezifische Oberfläche um ca. 10%, ist aber wesentlich weniger aufwendig und wurde daher in der Folge vielfach angewendet.

Die Trocknung bei Raumtemperatur führt in jedem Fall zu einer starken Erniedrigung der Oberfläche, zum Teil bis unter die Erfaßbarkeitsgrenze von 0,5 $m^2 g^{-1}$. Das Ausmaß der Erniedrigung ist abhängig von der Stabilität der gebildeten Strukturen. Dabei ist interessant, daß WOLPRYLA-61, insbesondere nach der hydrothermischen Stabilisierung, die geringste Veränderung zeigt. Die Stabilität der Wände zwischen den Poren ist also weitaus größer als bei WOLPRYLA-65.

Tabelle 1. Einfluß der Trocknungsbedingungen auf die spezifische Oberfläche (m^2g^{-1}) von Polyacrylnitrilfaserstoffen

Faserstoff	gefrier-getrocknet	Lösungsmittelaustausch (Methanol/n-Pentan)	bei Raumtemperatur getrocknet
WOLPRYLA-Reinpolymerisat	—	116,3	7,7
WOLPRYLA-61	—	52,4	14,1
WOLPRYLA-61, hydrothermisch stabilisiert	—	61,4	44,6
WOLPRYLA-65	142,8	126,6	0

Tabelle 2. Einfluß der Temperung auf die spezifische Oberfläche (m^2g^{-1}) von Polyacrylnitrilfaserstoffen

Faserstoff	Behandlungstemperatur in °C				
	20	100	120	130	140
WOLPRYLA-Reinpolymerisat	7,7	0,8	0,7	—	0,6
WOLPRYLA-61	14,1	9,0	2,6	1,0	1,1
WOLPRYLA-61, hydrothermisch stabilisiert	44,6	41,6	24,9	14,8	2,5
WOLPRYLA-65	0	—	—	—	0,6

3.2. *Trockenhitzebehandlung*

Des weiteren wurde das bei Raumtemperatur getrocknete Material einer Trockenhitzebehandlung unterworfen. Die gefundenen Werte sind in Tabelle 2 zusammengestellt.

Sie stellen wiederum Mittelwerte von 2 bis 3 Einzelbestimmungen dar. Daraus, wie auch aus der grafischen Darstellung in Bild 1, ist die Abnahme der inneren Oberfläche mit steigender Temperatur bei der Nachbehandlung sehr deutlich festzustellen. Dabei beginnen die Veränderungen erst, wie aus dem Vergleich mit anderen Sorptions- und Struktureigenschaften bekannt war, oberhalb 90 °C. Der Copolymerisatfaserstoff WOLPRYLA-65 zeigt in Abweichung von den übrigen Faserstoffen bereits nach dem Trocknen bei Raumtemperatur eine so starke Veränderung, daß die Oberfläche nach BET nicht mehr erfaßbar ist.

3.3. *Lagerung des Feuchtfasermaterials*

Am Rande sei vermerkt, daß das Fasermaterial im spinnfeuchten Zustand langsamen Veränderungen unterliegt, so daß im Prinzip die kürzlich bekanntgegebenen Feststellungen von *Gröbe* und *Giesecke* [3] bestätigt werden können. Bei Untersuchungen über einen längeren Zeitraum wurden am gleichen Fasermaterial Veränderungen festgestellt, die meist zu einer Verminderung

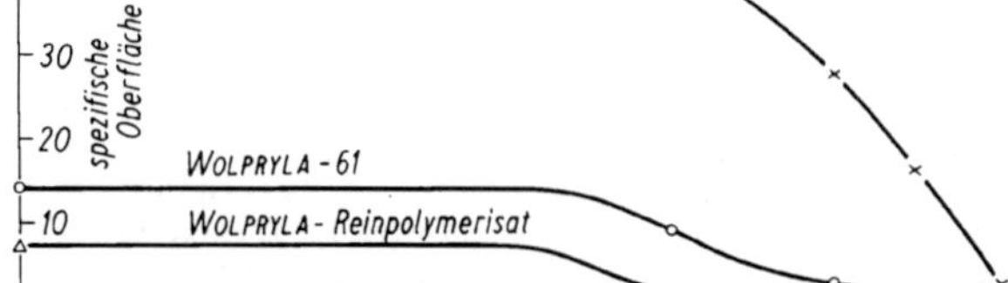

Bild 1. Spezifische Oberfläche von Polyacrylnitrilfaserstoffen bei Raumtemperatur getrocknet und 10 min getempert

Tabelle 3. Einfluß der Lagerungsdauer von Feuchtfaserstoffen auf die spezifische Oberfläche (m^2g^{-1})

Faserstoff	Behandlung	spezifische Oberfläche m^2g^{-1}
WOLPRYLA-61, hydrothermisch stabilisiert	nach der Probenahme ausgetauscht mit Methanol/*n*-Pentan	61,4
,,	nach vier Jahren ausgetauscht	33,5
,,	nach der Probenahme bei Raumtemperatur getrocknet	44,6
,,	nach vier Jahren bei Raumtemperatur getrocknet	53,9
WOLPRYLA-65	nach der Probenahme ausgetauscht mit Methanol/ *n*-Pentan	126,6
,,	nach einem Jahr ausgetauscht	88,4

der Oberfläche, in einem Fall jedoch auch zu einer Vergrößerung führten (Tabelle 3). Die angegebenen Werte stellen wiederum Mittel aus 2 bis 3 Bestimmungen dar.

3.4. Sorptionswärme

Die bei der Sorption auftretenden Wärmeeffekte sollten Auskunft über die Wechselwirkung zwischen Substratoberfläche und Adsorptiv geben. Bei der Aufstellung der Theorie der Mehrschichtenadsorption durch *Brunauer*, *Emmett* und *Teller* [2] war vorausgesetzt worden, daß die Adsorptionsenergie E_1 bei der Bildung der ersten homogenen Adsorptionsschicht vom Bedeckungsgrad unabhängig ist.

Die Reichweite der Kräfte des Adsorbens soll also auf die erste Schicht beschränkt bleiben. Die Adsorptionsenergie der zweiten und weiteren Adsorptionsschichten entspricht dann der Kondensationsenergie des Gases. In Wirklichkeit nimmt E_1 mit steigender Bedeckung ab, die Adsorptionsenergie fällt darüber hinaus mit der Anzahl der Schichten. Insbesondere ist bei Vollendung der zweiten Schicht eine sprunghafte Veränderung festzustellen. Im Bereich des relativen Druckes von 0,05 bis 0,35 sind diese Abweichungen jedoch noch zu vernachlässigen.

Die Konstante C in der BET-Gleichung ist von der Energie abhängig:

$$C = e^{-(E_1 - E_K)/RT};$$

E_1 = Aktivierungsenergie für die Bildung der ersten Adsorptionsschicht,
E_K = Kondensationswärme für 1 mol Gas, wird mit der Aktivierungsenergie E_i für die Bildung der weiteren Adsorptionsschichten gleichgesetzt,
R = Gaskonstante,
T = absolute Temperatur in °K.

*Tabelle 4. Sorptionswärmen verschiedener Polyacrylnitrilfaserstoffe bei der Tieftemperatur-Gassorption für Argon und Stickstoff (mit * bezeichnete Werte) in kcal/mol*

Faserstoff	ausgetauscht	bei Raumtemperatur getrocknet	10 min bei 140 °C getempert
WOLPRYLA-Reinpolymerisat	2,1	1,6*	1,9*
WOLPRYLA-61	2,3	2,0*	2,2
WOLPRYLA-61, hydrothermisch stabilisiert	2,1	2,0*	2,0
WOLPRYLA-65	2,0	—	1,9

C erhält man aus der BET-Gleichung:

$$\frac{p}{v(p_s - p)} = \frac{1}{v_m C} + \frac{C-1}{v_m C} \cdot \frac{p}{p_s};$$

p = gemessener Druck,
p_s = Sättigungsdruck des Meßgases bei der angewendeten Temperatur,
v = Volumen adsorbierten Gases,
v_m = Monoschichtkapazität.

Bei Auftragung von $pv/(p_s - p)$ über p/p_s erhält man aus dem Ordinatenabschnitt b und der Monoschichtkapazität v_m den Wert C.

$$b = \frac{1}{v_m C} \quad \text{oder} \quad C = \frac{1}{v_m b}.$$

Die Adsorptionsenergie für die Bildung der ersten Schicht ergibt sich dann zu:

$$E_1 = RT \ln C + E_K$$
$$= 2{,}303\, RT \log C + E_K.$$

Die Verdampfungs- oder Kondensationswärme E_K beträgt für Stickstoff 1300 und für Argon 1580 cal/mol [4].

Die so erhaltenen Werte für die Sorptionswärmen sind in Tabelle 4 wiedergegeben.

Die Sorptionswärmen der untersuchten Polyacrylnitrilfaserstoffe liegen in der von *Brunauer*, *Emmett* und *Teller* [2] für Stickstoff an verschiedenen Substanzen gefundenen Größenordnung von 2,2 kcal/mol und bestätigen damit, daß dieser Wert mehr das Gas als das Adsorbens charakterisiert.

Trotzdem ist zu erkennen, daß die Werte für die mit Lösungsmittel ausgetauschten Proben stets etwas höher liegen als die übrigen. Das deutet darauf hin, daß das Fasermaterial im ausgetauschten Zustand aktiver ist als nach der Trocknung bei Raumtemperatur oder der Temperung. Die hier nur andeutungsweise erkennbaren Zusammenhänge werden auf anderem Wege, z. B. durch die Verfolgung des elektrokinetischen Potentials, bestätigt [5].

4. Zusammenfassung

Die schwammige Struktur von naßgesponnenen Polyacrylnitrilfaserstoffen erleidet im Zuge des Trocknungsprozesses und der thermischen Behandlung sehr starke Veränderungen, die zu einer wesentlichen Verkleinerung der spezifischen Oberfläche führen. Die hydrothermische Stabilisierung der Gel-Faser führt dagegen zu einer geringeren Empfindlichkeit gegenüber Trocknungs- und Temperungsprozessen.

Das Fasermaterial unterliegt bei längerem Lagern irreversiblen Veränderungen, die sich meist in einer Verminderung der Oberfläche ausdrücken.

Die Sorptionswärmen sind in geringem Maße von der „Aktivität" der Faseroberfläche abhängig und zeigen nach dem Lösungsmittelaustausch die höchsten Werte.

Danksagung

Die vorliegende Arbeit wurde im Institut für Technologie der Fasern der Deutschen Akademie der Wissenschaften zu Berlin in Dresden angefertigt. Für die mir eingeräumten Möglichkeiten bin ich seinem Direktor, Herrn Prof. Dr. Ing. habil. *W. Bobeth*, sehr zu Dank verpflichtet. Die gewissenhafte Durchführung der experimentellen Bestimmungen besorgte Frau *Charlotte Kühne*, wofür auch an dieser Stelle ein besonderer Dank ausgesprochen sei. Das Untersuchungsmaterial wurde freundlicherweise vom VEB Chemiefaserwerk „Friedrich Engels" in Premnitz zur Verfügung gestellt.

Literatur

[1] *Flath, H. J.*, und *Kühne, Ch.:* Zur Bestimmung der spezifischen Oberfläche von Faserstoffen mit Hilfe der Tieftemperatur-Gassorption. Faserforsch. u. Textiltechnik **19** (1968) S. 265—272.

[2] *Brunauer, S.*, *Emmett, P. H.*, und *Teller, E.:* Adsorption of gases in multimolecular layers. J. amer. chem. Soc. **60** (1938) S. 309—319.

[3] *Gröbe, V.*, und *Gieseke, R.:* Einfluß des pH-Wertes wäßriger Fällbäder auf die Eigenschaften naßgesponnener Polyacrylnitrilfäden. Faserforsch. u. Textiltechnik **20** (1969) S. 30—41.

[4] *Graham, D.:* Adsorption of nitrogene, argon, carbon tetrafluoride, and ethane on polypropylene. J. physic. Chem. **68** (1964) S. 2788—2792.

[5] *Jacobasch, J. H.*, und *Flath, H. J.:* Einfluß der Feinstruktur auf das ζ-Potential synthetischer Faserstoffe. Kolloid-Z. u. Z. Polymere **235** (1969) 1, S. 1243—1244.

Eingegangen am 13. März 1970

Zur Reaktion von Polycaprolactam mit Formaldehyd

Teil III. Kinetik der Formaldehydaufnahme und der Hydroxymethylgruppenabspaltung[1] [2]

Gerhard Reinisch und Hans-Heinz Ulrich[3]

Deutsche Akademie der Wissenschaften zu Berlin, Institut für Faserstoff-Forschung in Teltow-Seehof, Abt. Polykondensatfaserstoffe

Herrn Prof. Dr. *G. von Hornuff* zum 70. Geburtstag gewidmet.

DK 677.494:675'126:541.124:541.127.1:547.281.1:546.131:547.821

Die Reaktion von Polycaprolactamcord mit Formalin in Gegenwart von HCl bei 60 °C (I) sowie mit gasförmigem Formaldehyd unter erhöhtem Druck ohne Katalysator (II) und in Anwesenheit von Pyridin (III) wurde untersucht. Nach I und II wird methylenvernetztes Hydroxymethylpolycaprolactam erhalten, nach dem Verfahren III wurden nur Hydroxymethylgruppen eingeführt.
Die Reaktion I gehorcht bis zu einem Umsetzungsgrad von 0,10 der *Sakurada*-Gleichung.
Die thermische Hydroxymethylgruppenabspaltung bei 120 bis 160 °C verläuft nach einer Reaktion erster Ordnung.

О реакции поликапролактама с формальдегидом
Часть III. Кинетика поглощения формальдегида и отщепления оксиметильных групп

Изучено взаимодействие корда из поликапролактама с водным раствором формальдегида в присутствии HCl при 60 °C (I), с газообразным формальдегидом при повышенном давлении без катализатора (II) и в присутствии пиридина (III). При способах I и II был получен оксиметильполикапролактам с метиленовыми мостиками, в то время как по III сшивка не имела места.
Реакция I до конверсии 0,10 подчиняется уравнению Сакурада. Термическое отщепление оксиметильных групп при 120—160 °C протекает по реакции первого порядка.

The Reaction of Polycaprolactam with Formaldehyde.
Part III. Kinetics of Formaldehyde Absorption and Splitting off of Hydroxymethyl Groups

The reactions of polycaprolactam cord filaments with formalin in the presence of HCl at 60°C (II) and with gaseous formaldehyde at elevated pressure without catalyst (II) and in the presence of pyridine (III) has been investigated. While reactions I and II resulted in hydroxymethylpolycaprolactam crosslinked by methylene groups reactions III led only to addition of hydroxymethyl groups. Reaction I obeys the Sakurada equation up to a degree of conversion of 0.10. The thermal release of hydroxymethyl groups at 120—160°C follows the first order reaction kinetics.

1. *Umsetzung der Polycaprolactamfäden mit Formaldehyd*

Die Versuche wurden mit heißgerecktem Reifencord [$\lambda = 5{,}3$]; Td 715 (140 Elementarfäden), $\overline{P}_n$ 177] des VEB Filmfabrik Wolfen ausgeführt. Die Präparation war vorher durch 4 h Extraktion mit Petroläther (Kp.: 30 bis 50 °C) entfernt worden.

Als Ergebnis von Vorversuchen, in denen sowohl die Reaktion mit unhydratisiertem Formaldehyd (in der Gasphase und in inerten Flüssigkeiten gelöst) als auch mit Formaldehyd/Wasser- und Formaldehyd/Alkohol-Gemischen (in der flüssigen Phase und als Dampf) untersucht wurden, erwiesen sich zur Modifizierung von Polycaprolactamfäden unter Erhalt der Fasergeometrie die Behandlung mit Formalin in Gegenwart von Chlorwasserstoff bei 60°C (I) sowie

[1]) Teil II s. *Reinisch, G.*, und *Ulrich, H.-H.:* Faserforsch. u. Textiltechnik **21** (1970) 3, S. 101—105.

[2]) 10. Mitt. über Probleme der Polyamidchemie. 9. Mitt.: *Reinisch, G.*, und *Ulrich, H.-H.:* Faserforsch. u. Textiltechnik **21** (1970) 3, S. 101—105.

[3]) Vgl. auch beabs. Dissertation *H.-H. Ulrich*, Friedrich-Schiller-Universität Jena 1970.

die Umsetzung mit gasförmigem Formaldehyd unter erhöhtem Druck ohne Katalysator (II) und mit Pyridin als Katalysator (III) geeignet. Nach den Methoden I und II wird teilweise vernetztes Hydroxymethylpolycaprolactam erhalten, während nach dem Verfahren III nur Hydroxymethylgruppen eingeführt werden.

1.1. Umsetzung mit Formalin in Anwesenheit von Chlorwasserstoff

In einer etwa 100 ml fassenden Schüttelente, die von einem thermostatierten Heizmantel (Temperaturkonstanz ±0,1grd) umgeben ist, wurden zunächst 50 ml 30%iges Formalin und 1 bzw. 2 ml n HCl auf 60°C erhitzt. Dann wurden 2,26 g Polycaprolactamfäden (0,02 Grundmol) in die Mischung gegeben und unter Schütteln im verschlossenen Gefäß, in dessen Innenraum ein Druck von 1,12 kp/cm² entstand, der Formaldehydlösung ausgesetzt. Zu den Probeentnahmezeiten wurden die lockeren Faserbündel aus der Reaktionslösung entfernt, ausgiebig mit kaltem und warmem Wasser gewaschen und danach getrocknet. Dann wurden der Gesamt- und der Hydroxymethylformaldehyd (vgl. Teil II [77]) analytisch bestimmt. Die tabellierten Werte (vgl. Tabelle 1 und 2) sind Mittelwerte von jeweils sechs Versuchen. Bild 1 zeigt den zeitlichen Verlauf der Gesamtformaldehydaufnahme bei beiden Katalysatorkonzentrationen.

Bei einem Verhältnis von 0,05 mol Chlorwasserstoff pro Grundmol des Polymeren ändert sich nach 24 h (2,40 Masse% gebundener Formaldehyd; Reaktionsfortschrittsgrad 0,09) das Ausmaß der Substitution nur noch geringfügig. Wird die doppelte Menge HCl in die Reaktionslösung gegeben, ist dieses Gleichgewicht

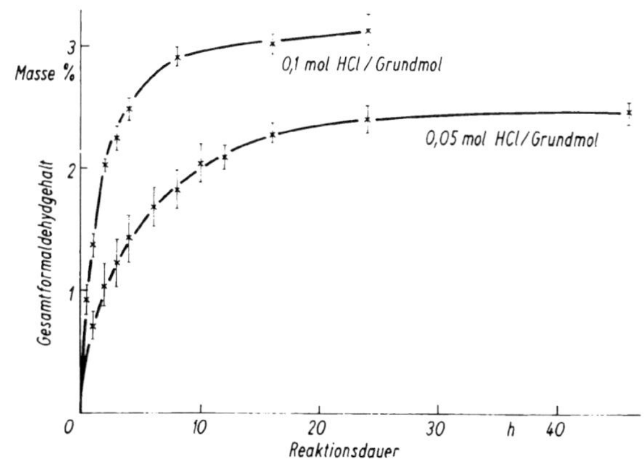

Bild 1. Zeitlicher Verlauf der Gesamtformaldehydaufnahme während der Behandlung mit Formalin/HCl bei 160°C (eingezeichneter Streubereich 9 der Werte bei 95% statistischer Sicherheit)

bereits nach 8 h bei ca. 2,89 Masse% gebundenem Formaldehyd, entsprechend einem Umsetzungsgrad von 0,11, erreicht.

Eine Auswertung der Versuchsergebnisse nach den Gesetzen der homogenen chemischen Kinetik war nicht möglich.

Mit der *Sakurada*-Gleichung, die zur Beschreibung heterogener Reaktionen an der Cellulose benutzt wird, gelingt es, den Ablauf der Formalisierungsreaktion gesetzmäßig zu erfassen. Die Beziehung $X = k \cdot \tau^m$,

Tabelle 1. Reaktion von Polycaprolactamcord mit wäßriger Formaldehydlösung in Anwesenheit von Chlorwasserstoff Katalysatormenge pro Grundmol: $5 \cdot 10^{-2}$ mol HCl. Reaktionstemperatur: 60°C

Reaktionsdauer	Gesamt-CH_2O		Hydroxymethyl-CH_2O		Substitutionsgrad in mol/100 Grundmol		
h	$\bar{x}_6$ Masse%	q Masse%	$\bar{x}_6$ Masse%	q Masse%	$-CH_2OH$	$-CH_2-$	Gesamt
1	0,71	0,11	0,53	0,05	2,0	0,7	2,7
2	1,04	0,17	0,80	0,10	3,0	0,9	3,9
4	1,43	0,18	1,08	0,08	4,1	1,3	5,4
8	1,82	0,15	1,36	0,08	5,2	1,8	7,0
12	2,09	0,09	1,48	0,05	5,7	2,0	7,7
16	2,29	0,07	1,50	0,11	5,8	3,0	8,8
24	2,40	0,13	1,65	0,06	6,3	2,9	9,2
48	2,46	0,09	1,64	0,10	6,3	3,5	9,8

Tabelle 2. Reaktion von Polycaprolactamcord mit wäßriger Formaldehydlösung in Anwesenheit von Chlorwasserstoff Katalysatormenge pro Grundmol: 10^{-1} mol HCl. Reaktionstemperatur: 60°C

Reaktionsdauer	Gesamt-CH_2O		Hydroxymethyl-CH_2O		Substitutionsgrad in mol/100 Grundmol		
h	$\bar{x}_6$ Masse%	q Masse%	$\bar{x}_6$ Masse%	q Masse%	$-CH_2OH$	$-CH_2-$	Gesamt
0,5	0,92	0,12	0,81	0,20	3,1	0,4	3,5
1	1,36	0,09	1,08	0,14	4,3	0,9	5,2
2	1,99	0,06	1,56	0,05	6,0	1,6	7,6
3	2,27	0,10	1,80	0,07	6,9	1,8	8,7
4	2,50	0,12	1,97	0,10	7,6	2,0	9,6
8	2,89	0,10	2,02	0,07	7,8	3,4	11,2
16	3,02	0,08	2,08	0,10	8,0	3,6	11,6
24	3,14	0,13	2,20	0,11	8,5	3,6	12,1

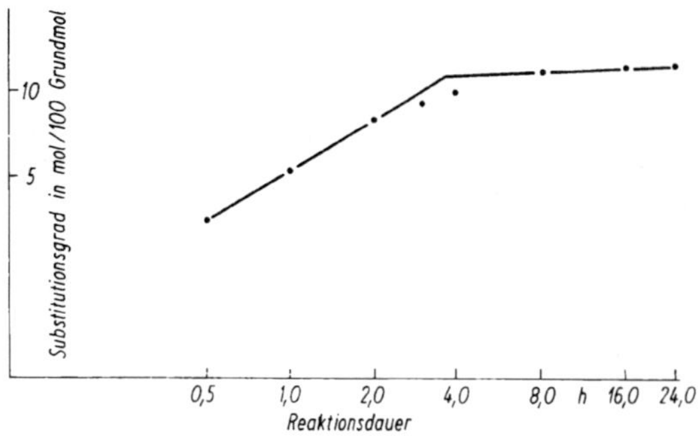

Bild 2. Reaktion von Polycaprolactam-Fäden mit Formalin/HCl bei 60 °C. Katalysatormenge pro Grundmol: 0,1 mol HCl (Abszisse und Ordinate in logarithmischer Teilung)

in der X den Substitutionsgrad, τ die Reaktionsdauer, k und m Konstanten bedeuten, wurde von *Sakurada* [85] für eine diffusionskontrollierte Reaktion entwickelt. Bild 2 zeigt, daß sich im ersten Abschnitt (Reaktionsdauer bis zu 4 h) die Reaktion recht gut mit der *Sakurada*-Gleichung beschreiben läßt. Man kann demnach annehmen, daß die Reaktion nicht chemisch, sondern diffusionskontrolliert verläuft. Der Richtungskoeffizient m des steileren Geradenanteils beträgt rund 0,6. Die nach *Sakurada* berechnete Geschwindigkeitskonstante $\bar{k}$ ergibt sich zu 5,19 $h^{-0,6}$.

Im oberen, flach verlaufenden Geradenabschnitt ist die Geschwindigkeit der Reaktion bereits so gering, daß dieser Bereich für eine kinetische Auswertung nicht in Betracht kommt. Mit fortschreitender Reaktionsdauer nähert sich der Substitutionsgrad einem Grenzwert (vgl. auch Bild 1), der erheblich unter den theoretischen Möglichkeiten bleibt. Die gleiche Erscheinung wurde auch bei der Umsetzung von Polycaprolactamfäden mit gasförmigem Formaldehyd (vgl. 1.2 und 1.3) beobachtet. Zur Erklärung möchten wir annehmen, daß die Formalisierungsreaktion bevorzugt in den äußeren Randzonen übermolekular wenig geordneter Regionen abläuft. Dies konnte im Falle räumlich größerer Substituenten bereits von mehreren Autoren [64, 75, 76] nachgewiesen werden.

1.2. Umsetzung mit Formaldehyddampf unter Druck nach Gabler [58]

In einem Stahlautoklaven von 180 ml Fassungsvermögen, der durch eine über Kontaktthermometer und Relais steuerbare Widerstandsheizung (Temperaturkonstanz ± 5 grd) erwärmt wird, wurden auf den Boden 1,2 g Paraformaldehyd, entsprechend 0,04 mol HCHO, und in das obere Drittel auf einer G-1-Fritte 2,26 g (0,02 Grundmol) Polycaprolactamcord gebracht. Paraformaldehyd und Faser waren vorher 14 Tage im Vakuumexsikkator über Zeosorb (Typ 5 IM) getrocknet worden. Durch sechsmaliges Evakuieren und Belüften mit Reinststickstoff (<1 vpm O_2) wurde das System unter Stickstoff gesetzt. Reaktionsdauer und -temperatur sowie der unter diesen Bedingungen erreichte Substitutionsgrad sind in Tabelle 3 angegeben.

Bei 120 °C findet überwiegend Substitution mit Hydroxymethylgruppen statt. Erst nach 8 h sind 2,5 von 100 Amidgruppen mit einer $-CH_2$-Gruppe besetzt. Mit steigender Temperatur nimmt auch das Ausmaß der Vernetzungsreaktion zu. Anders ist das Bild bei den

Tabelle 3. Reaktion von Polycaprolactamcord mit Formaldehyddampf unter Druck nach Gabler [58]

Reaktionsdauer	Reaktionstemperatur	Sugstitutionsgrad in mol/100 Grundmol		
h	°C	$-CH_2OH$	$-CH_2-$	Gesamt
1	120	7,4	0,1	7,5
4	120	12,4	0,6	13,0
8	120	11,7	2,5	14,2
1	140	8,3	0,3	8,6
4	140	7,2	2,8	10,0
8	140	7,4	3,6	11,0
1	160	6,1	1,1	7,2
4	160	6,7	4,3	11,0
8	160	1,7	5,8	7,5

thermisch instabilen Hydroxymethylgruppen. Durch die Temperaturerhöhung nimmt die Geschwindigkeit der Hydroxymethylgruppenbildung zu, die Geschwindigkeit der thermischen Abspaltung erhöht sich dabei aber noch stärker als die der Bildungsreaktion. So kommt es zu einem Gleichgewichtszustand, der bei 120 °C bei 12, bei 140 °C zwischen 7 und 8 und bei 160 °C etwa bei 6 mol Hydroxymethylgruppen/100 Grundmol liegt.

1.3. Umsetzung mit Formaldehyddampf unter Druck in Gegenwart von Pyridin

Für diese Versuche wurde die bereits im Abschnitt 1.2 beschriebene Versuchsanordnung benutzt. Als Katalysator wurde 1 ml abs. Pyridin hinzugefügt. Das bei 120 °C erreichte Ausmaß der Hydroxymethylgruppensubstitution ist in Tabelle 4 angegeben.

Tabelle 4. Reaktion von Polycaprolactamcord mit Formaldehyddampf unter Druck in Gegenwart von Pyridin bei 120 °C

Reaktionsdauer h	Gef. Formaldehyd Masse %	Hydroxymethylsubstitution %
1	1,84	7,0
2	3,24	12,7
4	3,51	13,8
8	3,77	14,7

Die erhaltenen Produkte haben etwa den gleichen Schmelzpunkt wie das unbehandelte Polycaprolactam (215 bis 218 °C gegenüber 218 bis 221 °C) und sind mit derselben Geschwindigkeit wie unmodifizierte Fäden in kaltem *m*-Kresol löslich. Vernetzungen über Methylengruppen können daher ausgeschlossen werden.

Die Festigkeit der partiell hydroxymethylierten Fäden (64,5 km Reißlänge) ist gegenüber der der Ausgangsfäden (68,8 km) nur geringfügig zurückgegangen.

2. Thermische Abspaltung der Hydroxymethylgruppen

In ein senkrecht stehendes zylindrisches Gefäß (Durchmesser: 40 mm; Höhe: 240 mm) mit einer Öffnung zur Stickstoffeinleitung am Boden und zur Ableitung unterhalb des Deckels wurden an einem an der Schliffkappe (NS 45) befindlichen Haken mit dünnem Kupferdraht 1 bis 2 g eines gleichmäßig substituierten 50-g-Ansatzes hydroxymethyl- und methylengruppenhaltigen Polycaprolactams (Darstellung vgl. 1.2) gehängt. Das lockere, langgereckte Faserbündel

Tabelle 5. Substitutionsgrad hydroxymethyl- und methylengruppenhaltigen Polycaprolactams nach dem Erhitzen auf 120 °C

Erhitzungsdauer min	Substitutionsgrad in mol/100 Grundmol $-CH_2OH$	$-CH_2-$	Gesamt
unerhitzt	9,4	3,8	13,2
5	8,0	3,4	11,4
15	6,6	3,8	10,4
60	2,2	4,2	6,4
120	2,0	3,6	5,6
240	1,0	3,6	4,6

befand sich genau in der Mitte des Gefäßes, ohne dessen Wände zu berühren. Vor dem Erhitzen wurde durch Evakuieren und Belüften mit Reinststickstoff die Luft aus der Apparatur verdrängt und während des Erhitzens ein Stickstoffstrom von 0,15 l/h durch eine Vorwärmschlange in das Reaktionsgefäß geleitet. Das Aufheizen von Zimmertemperatur auf die Abspaltungstemperatur erfolgte durch ein Siliconölbad und wurde bei allen Versuchen mit der gleichen Geschwindigkeit von 20 grd/min vorgenommen. Die Aufheizperiode ist in den in diesem Abschnitt angegebenen Zeiten nicht enthalten. Der an der Faser nach unterschiedlicher Erhitzungsdauer (Temperaturkonstanz ± 2 grd) verbliebene Gesamt- und Hydroxymethylformaldehyd wurde analytisch bestimmt.

Die Hydroxymethylgruppenabspaltung beginnt erst oberhalb 60 °C. Nach 12 h Erhitzen auf 80 °C enthält partiell hydroxymethyliertes Polycaprolactam noch mehr als die Hälfte der ursprünglich gebundenen Hydroxymethylgruppen. Diese werden dagegen bei 160 °C schon während einer Erhitzungsdauer von 30 min nahezu vollständig abgespalten. Der Prozentsatz des in Form von Methylengruppen gebundenen Formaldehyds blieb während der bisherigen Dauer der Abspaltungsversuche und Temperaturen bis zu 160 °C konstant. Zwei Beispiele für die Veränderung der Substitutionsverhältnisse an mit Formaldehyd modifiziertem Polycaprolactam nach dem Erhitzen auf 120 bzw. 160 °C sind in den Tabellen 5 und 6 angegeben.

Die graphische Auswertung der Versuchsergebnisse zeigt, daß die thermische Abspaltung des Hydroxymethylformaldehyds nach erster Ordnung erfolgt (Bilder 3 bis 5). Nach

$$k_I = \frac{2{,}303}{\tau} \log \frac{c_0}{c_\tau},$$

wobei τ die Erhitzungsdauer bei konstanter Temperatur in Minuten, c_0 der zur Zeit Null (nach Erreichen von 120, 140 bzw. 160 °C) und c_τ der nach der Zeit τ am Polyamid befindliche Hydroxymethylformaldehyd in Masse% sind, wurden die Reaktionsgeschwindigkeitskonstanten k_I errechnet (Tabellen 7 bis 9).

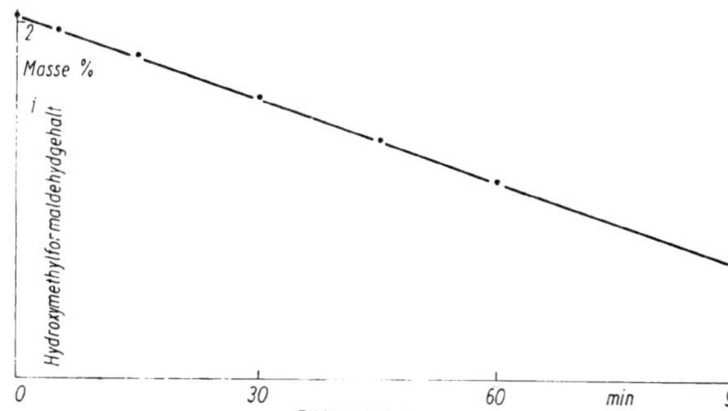

Bild 3. Hydroxymethylgruppenabspaltung bei 120 °C (Abszisse in logarithmischer Teilung)

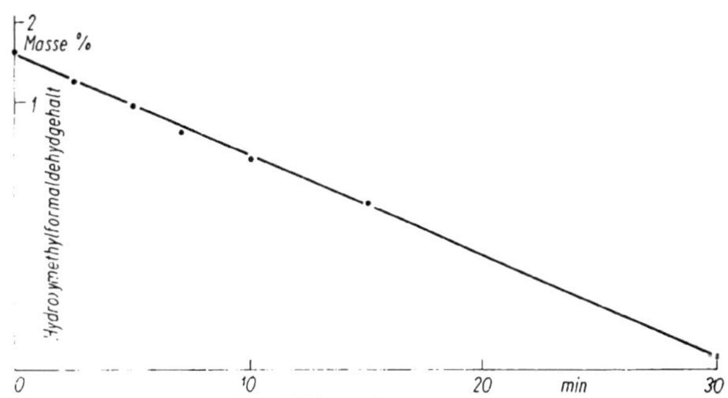

Bild 4. Hydroxymethylgruppenabspaltung bei 140 °C (Abszisse in logarithmischer Teilung)

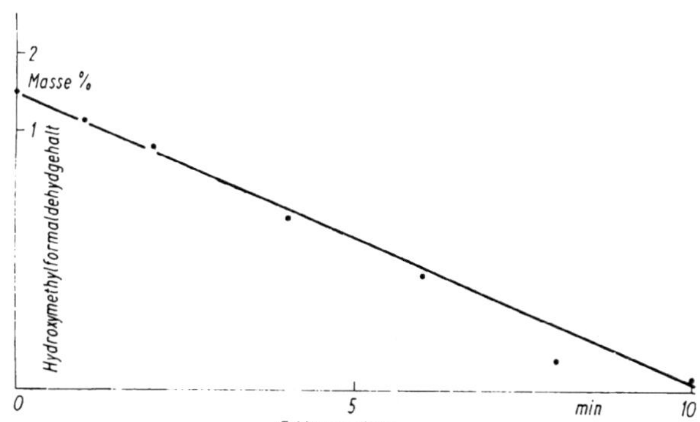

Bild 5. Hydroxymethylgruppenabspaltung bei 160 °C (Abszisse in logarithmischer Teilung)

Tabelle 6. Substitutionsgrad hydroxymethyl- und methylengruppenhaltigen Polycaprolactams nach dem Erhitzen auf 160 °C

Erhitzungsdauer min	Substitutionsgrad in mol/100 Grundmol $-CH_2OH$	$-CH_2-$	Gesamt
unerhitzt	9,4	3,8	13,2
1	5,2	3,6	8,8
5	2,2	3,8	6,0
10	0,8	3,6	4,4
20	0,7	3,4	4,1
30	0,3	4,0	4,3

Für die Thermolysereaktion zwischen 120 und 160 °C ergeben sich folgende Geschwindigkeitskonstanten:

für 120 °C: $\bar{k}_I(\tau)$ 0,0228 $\pm$ 0,0005 min^{-1},

für 140 °C: $\bar{k}_I(\tau)$ 0,0914 $\pm$ 0,0044 min^{-1},

für 160 °C: $\bar{k}_I(\tau)$ 0,269 $\pm$ 0,021 min^{-1}.

Tabelle 7. Hydroxymethylgruppenabspaltung bei 120 °C

Erhitzungsdauer min	Hydroxymethyl-CH_2O Masse%	Reaktionsfortschrittsgrad	RGK für eine Reaktion I. Ordnung min^{-1}
0	2,09	—	—
5	1,87	0,105	0,222
15	1,49	0,287	0,0226
30	1,06	0,493	0,0226
45	0,74	0,646	0,0231
60	0,53	0,745	0,0232
90	0,26	0,875	0,0232

$\bar{k}_I = 0{,}0228$

Aus diesen Reaktionsgeschwindigkeitskonstanten wurde nach der *Arrhenius*schen Gleichung die Aktivierungsenergie $\bar{E}_A$ abgeschätzt. Sie beträgt für die Hydroxymethylgruppenabspaltung zwischen 120 und 160 °C 23,6 ± 1,07 kcal/mol.

Unmittelbar nach Beendigung unserer Untersuchungen erschien eine Veröffentlichung von *Takeshita, Maeda* und *Sasaoka* [86] über die Umsetzung von Polycaprolactamfäden (Td 5 und 15) mit Formaldehyd in Wasser oder Methanol bei 60 °C unter Verwendung von Salzsäure oder Phosphorsäure als Katalysator. Im Gegensatz zu unseren Versuchen wurde hier bei höheren Wasserstoffionenkonzentrationen gearbeitet. Das Ergebnis sind hochsubstituierte, teilweise zerstörte Fäden. Die Hydroxymethyl- und Methylengruppenkonzentrationen wurden nicht bestimmt. Ebenso erfolgten keine exakten Untersuchungen über den Verlauf der Formaldehydaufnahme. Mit Methanol als Reaktionsmedium lag der gebundene Formaldehyd zu etwa 60% in Form von Methoxymethylgruppen vor. Beim Erhitzen dieser Produkte nahm der Gesamtgehalt an Formaldehyd und der in Methoxymethylgruppen gebundene HCHO-Gehalt merklich ab. Der Meinung der japanischen Autoren, daß in Abwesenheit saurer Katalysatoren bei 15 min Erhitzen derart modifizierter Fäden auf 145 °C oder sogar bei längerem Lagern bei 20 °C Methoxymethyl- und in noch stärkerem Maße Hydroxymethylgruppen in Methylenbrücken umgewandelt werden, können wir uns auf Grund unserer Experimentalergebnisse nicht anschließen. Die beobachtete Abnahme der Dehnung und die Vergrößerung des *Young*-Moduls als Folge des Erhitzens mit Methanol/Formaldehyd behandelter Fäden dürfte ausschließlich auf eine partielle Abspaltung der Methoxymethyl- und Hydroxymethylgruppen zurückzuführen sein.

Tabelle 8. Hydroxymethylgruppenabspaltung bei 140 °C

Erhitzungsdauer min	Hydroxymethyl-CH_2O Masse %	Reaktionsfortschrittsgrad	RGK für eine Reaktion I. Ordnung min^{-1}
0	1,52	—	—
2,5	1,21	0,204	0,0912
5	0,96	0,369	0,0919
7	0,76	0,500	0,0990
10	0,61	0,598	0,0913
15	0,41	0,726	0,0874
30	0,11	0,928	0,0876

$\bar{k}_I = 0{,}0914$

Tabelle 9. Hydroxymethylgruppenabspaltung bei 160 °C

Erhitzungsdauer min	Hydroxymethyl-CH_2O Masse %	Reaktionsfortschrittsgrad	RGK für eine Reaktion I. Ordnung min^{-1}
0	1,42	—	—
1	1,10	0,225	0,255
2	0,87	0,387	0,245
4	0,46	0,676	0,282
6	0,27	0,810	0,267
8	0,13	0,908	0,299
10	0,11	0,923	0,256

$\bar{k}_I = 0{,}269$

Frl. *B. Binder* und Frau *K. Schnaubelt* danken wir für experimentelle Mithilfe.

Literatur

[1] bis [76] s. Teil I Faserforsch. u. Textiltechnik **21** (1970), 1, S. 32.
[77] bis [84] s. Teil II Faserforsch. u. Textiltechnik **21** (1970), 3, S. 105.
[85] *Sakurada, I.:* Über die Kinetik der Cellulosereaktion. Cellulosechemie **15** (1934), S. 3—8 u. 17—20.
[86] *Takeshita, T., Maeda, S.,* und *Sasaoka, M.:* Studies on reactive fiber. I. Hydroxymethylation of Nylon 6 fiber. Kobunshi Kagaku, Tokyo (Chem. High Polymers) **26** (1969) 287, S. 209—216.

Eingegangen am 4. März 1970

Pfropfung von Polyamiden

Cristofor I. Simionescu, Dorel I. Feldman und Ingeborg Theil

Mitteilung aus dem Institut für makromolekulare Chemie „Petru Poni" der Akademie der Wissenschaften der Sozialistischen Republik Rumänien, Jassy

DK 678.675'126:[678-9.02:66.095.26]:677.862.25:[678.02:66.995.3]:547.281.1:541.124.2

Es wird über ein Verfahren berichtet, das durch Kondensation der Polyamide mit Formaldehyd und aromatischen Aminen, Diazotieren und Kuppeln zu farbigen Polymeren führt. Die mit Aminen modifizierten Polyamide können zur Initiierung der Pfropfung von Vinylmonomeren verwendet werden.

Прививка полиамидов

Описан метод получения окрашенных полимеров путем конденсации полиамидов с формальдегидом и ароматическими аминами с последующим диазотированием и азосочетанием. Модифицированные аминами полиамиды могут применяться для инициирования прививки винильных мономеров.

Grafting of Polyamides

A process is described leading to coloured products by condensation of the polyamides with formaldehyde and aromatic amines, followed by diazotising and coupling. The amine-modified polyamides may be used to initiate grafting reactions of vinyl monomers.

1. *Einleitung*

In der letzten Zeit wird in zahlreichen Arbeiten über die Modifizierung von Polyamiden berichtet. *A. N. Bykov* u. Mitarb. konnten mit Azobenzoldicarbonsäure, Anthranilsäure, farbigen Dicarbonsäuren oder Diaminen [1] bzw. Anthrachinon [2] als Polymerisationsgradregler gefärbte Polyamide darstellen. In einer anderen Arbeit [3] wurden farbige Dicarbonsäuren und farbige Diamine zur Polykondensation verwendet.

M. N. Bogdanov u. Mitarb. [4, 5] führten in Poly-ε-caprolactam aromatische Amine als Endgruppen ein, indem sie *m*-Phenylen oder dessen Chlorhydrat sowie Aminocarbonsäuren als Kettenregler verwendeten; nach der Diazotierung und Kupplung erhielten sie ebenfalls farbige Polyamide. Ein Nachteil dieser Methode ist, wie die Autoren berichten, die geringe Wärmestabilität dieser Verbindungen, was zur Verunreinigung der Polymerisationsmasse führt.

Im ersten Teil dieser Arbeit berichten wir über die Modifizierung des Poly-ε-caprolactams durch Kondensation mit Formaldehyd und aromatischen Aminen. Nach der Diazotierung und Kupplung mit einem Phenol erhielten wir farbige Polyamide. Bei diesem Verfahren fallen die oben angeführten Nachteile weg.

Im zweiten Teil beschäftigen wir uns mit der Pfropfung von Vinylmonomeren auf die mit Aminen modifizierten Polyamide. Es ist bekannt, daß die Vinylpolymerisation durch Radikale ausgelöst werden kann, die bei der Zersetzung einiger organischer Verbindungen wie Peroxide, Azo- und Diazoverbindungen u. a. entstehen. Die Initiierung mit Diazoverbindungen wurde von *G. H. Richards* [6], *Z. A. Rogovin* [7], *J. J. Hermans* [8] und *Cr. Simionescu* [9] zur Pfropfung der Cellulose und des Natriumalginats [10] verwendet.

2. *Experimenteller Teil*

2.1. *Farbige Polyamide*

Das Poly-ε-caprolactam wurde mit verschiedenen aromatischen Aminen wie Anilin (A), Benzidin (B), *m*-Phenylendiamin (PD), Dianisidin (DA), *p*-Toluidin (pT), α-Naphthylamin (NA) in Anwesenheit von Formaldehyd behandelt; anschließend wurde das an das Polyamid gebundene Amin diazotiert und mit β-Naphthol gekuppelt, so daß der Farbstoff direkt an die Faser gebunden wurde.

Durch Verwendung von Ameisensäure verschiedener Konzentration konnte der Vorgang homogen oder heterogen durchgeführt werden. Während das Polyamid in 80%iger Säure vollständig gelöst war, blieben in der 50%igen Säure die Fäden erhalten. Verwendet wurden Fäden aus Poly-ε-caprolactam (hergestellt von CFS-Săvineşti) mit einer mittleren rel. Molekülmasse von 23000, die mit TiO_2 mattiert waren.

Zu einer Lösung oder Suspension aus 0,1 mol Polyamid in 100 ml Ameisensaure wurden unter starkem Ruhren 0,1 mol Formaldehyd und 0,1 mol aromatisches Amin zugefügt. Die Reaktion verlief 120 min bei Zimmertemperatur. Die erhaltene Lösung wurde in Wasser gefällt, gewaschen und getrocknet. Falls man in heterogenem Medium arbeitet, werden die Fäden gewaschen und getrocknet. Das modifizierte Polyamid wird 30 min bei 0 bis 5 °C in verdünnter Schwefelsäure mit Natriumnitrit diazotiert und dann mit 1%iger β-Naphthollösung (in 1%iger NaOH) gekuppelt.

In Tabelle 1 werden die Strukturen, die Farbe und die Grenzviskosität (in 96,4%iger Schwefelsäure bei 20 °C) der modifizierten Polyamide angeführt. Die Viskosität fällt nach der Modifizierung mit den Aminen leicht ab, es findet also keine Vernetzung statt; nach der Kupplung mit β-Naphthol steigt sie wieder leicht an.

Die mit Dianisidin und *p*-Toluidin modifizierten Polyamide können aus sterischen Gründen nicht mit β-Naphthol kuppeln. Die Farbe der modifizierten Polyamide ändert sich mit dem verwendeten Amin. Da der Farbstoff chemisch an das Makromolekül gebunden ist, kann er auch unter energischen Bedingungen (24 h Extraktion mit Dimethylformamid im Soxhlet) nicht entfernt werden. Fäden, die mit demselben Farbstoff gefärbt waren, verlieren ihre Farbe unter diesen Bedingungen vollständig.

Nach der Behandlung steigt die Zugfestigkeit leicht an (Tabelle 2).

Das thermische Verhalten der modifizierten Polyamide wurde mit einem *Boëtius*-Heiztisch-Mikroskop und durch thermogravimetrische und differential-thermoanalytische Messungen (Derivatograph MOM-Budapest, Typ *J. Paulik, F. Paulik, L. Erdey*) untersucht.

In Tabelle 3 sind die Ergebnisse dieser Messungen zusammengestellt. Die Schmelzpunkte (*Boëtius*) steigen im allgemeinen um einige Grade an. Wie aus der TGA ersichtlich ist, beginnt die Zersetzung der modifizierten

Tabelle 1. Formel, Farbe und Grenzviskosität der modifizierten Polyamide

Substanz	Formel	Farbe	Grenzviskosität
PA	$-NH-(CH_2)_5-CO-$	weiß	1,14
PA-A	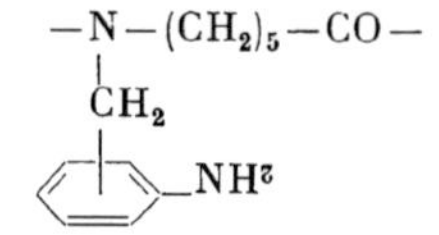	gelblich	1,06
PA-A-βN	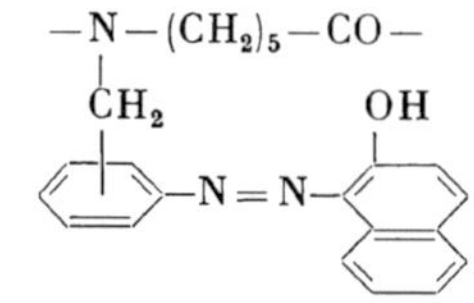	orange	1,27
PA-B	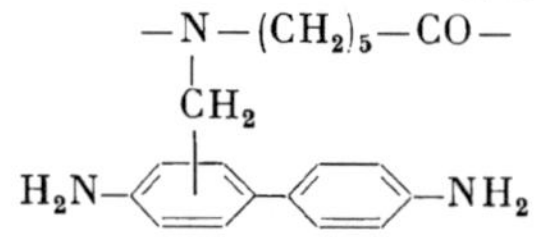	gelb-braun	1,03
PA-B-βN	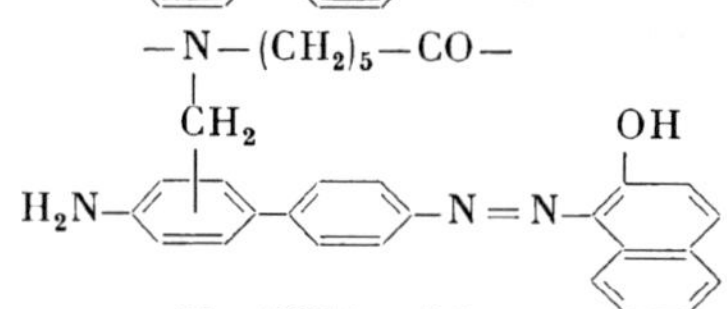	violett	1,12
PA-PD	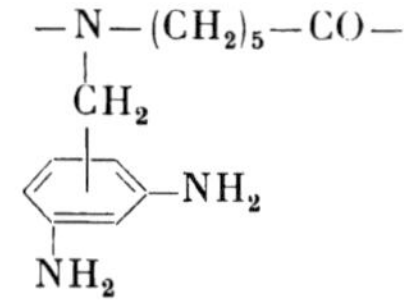	grau-braun	1,08
PA-PD-βN	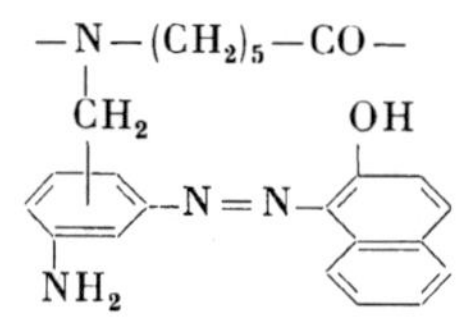	rosa	1,25
PA-αNA	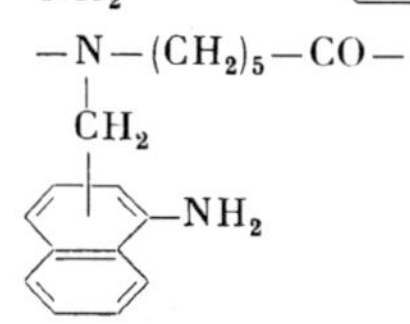	gelb-braun	0,87
PA-αNA-βN	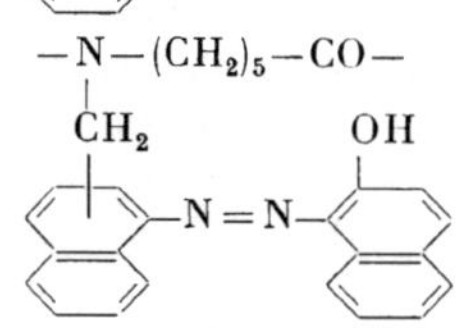	rosa	1,16
PA-αNA-DMA	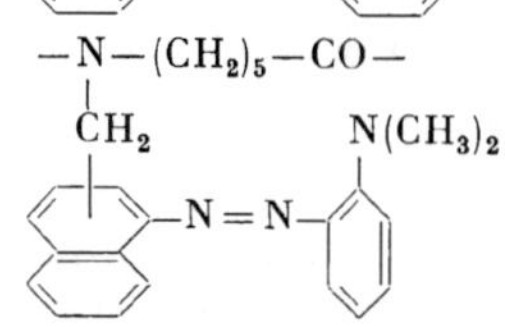	gelb	1,18
PA-DA	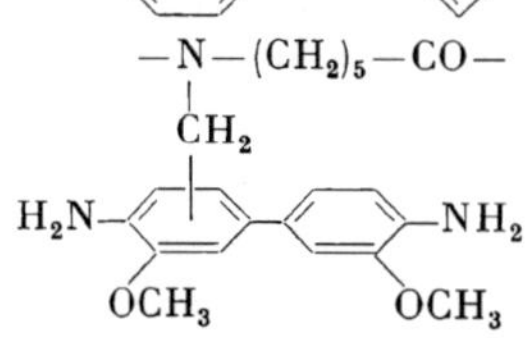	blau-schwarz	1,00
P A-pT	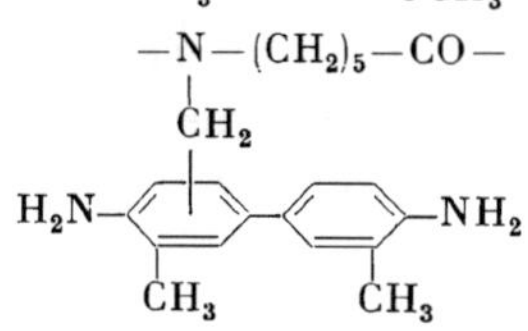	gelb-braun	1,24

Tabelle 3. Ergebnisse der thermogravimetrischen und differential-thermoanalytischen Messungen und der Schmelzpunktbestimmung mit dem Boëtius-Heiztisch-Mikroskop

Substanz	TGA			DTA			T_{Schmp}
	Masseverlust bei 400 °C %	T_i	T_m	Anzahl der max.	T_i	T_m	°C
PA	36,5	257	410	1 exoth.	172	178	218···220
				1 endoth.	210	214	
PA-A	33,04	275	420	1 exoth.	202	212	223
				1 endoth.	218	222	
PA-A-βN	32,50	—	420	1 exoth.	205	215	222
PA-B	32,47	264	430	1 endoth.	212	220	223
PA-B-βN							220
PA-PD	53,40	254	405	1 endoth.	197	210	222
PA-PD-βN	29,70	264	427	—	—	—	217···220
PA-αNA	30,58	296	426	1 endoth.	205	215	223···228
PA-αNA-βN	26,06	299	427	1 endoth.	207	215	219···222
PA-αNA-DMA	21,20	271	424	1 endoth.	205	215	220
PA-DA	39,15	294	408	1 endoth.	204	213	222
PA-pT	26,94	326	422	1 endoth.	212	221	222···235

Tabelle 2
Zugfestigkeit einiger modifizierter Polyamide

Substanz	Kraft *p*
PA	162
PA-A	183
PA-A-βN	178
PA-B	160
PA-B-βN	164

Polyamide im allgemeinen bei höheren Temperaturen als die des Ausgangsproduktes. Außer bei dem mit *m*-Phenylendiamin und mit Dianisidin modifizierten Polyamid steigt die thermische Stabilität der behandelten Polymeren, was durch die geringeren Verluste bei 400 °C gekennzeichnet wird.

Bei den meisten modifizierten Polyamiden wird im Schmelzbereich kein exothermer Prozeß festgestellt, (die Thermogramme wurden an der Luft aufgenommen), was für ein Anwachsen der Stabilität gegen die Einwirkung von Sauerstoff spricht.

Es wurde auch die Feuchteaufnahme der modifizierten Polyamide gemessen, die bei Zimmertemperatur 24 h bei verschiedenen Luftfeuchten gehalten wurden. Aus Tabelle 4 geht hervor, daß sich die Feuchteaufnahme bei 60% relativer Luftfeuchte nicht bedeutend verändert. Größere Unterschiede werden bei 100% relativer Luftfeuchte festgestellt, wobei die höchsten Werte bei den mit Anilin und *m*-Phenylendiamin modifizierten Polyamiden gemessen wurden.

Tabelle 4. Feuchteabsorption in % bei verschiedenen relativen Luftfeuchten

Substanz	60	80	100
PA	2,81	5,35	8,68
PA-A	3,19	5,68	13,58
PA-A-βN	2,99	5,39	12,11
PA-B	2,93	5,70	9,11
PA-B-βN	2,89	5,31	11,75
PA-PD	3,11	5,27	13,91
PA-PD-βN	3,06	5,94	10,70
PA-NA	3,25	5,77	11,12
PA-αNA-βN	2,97	5,65	10,63
PA-αNA-DMA	4,49	5,44	12,50
PA-pT	2,92	5,10	11,20
PA-DA	2,79	4,61	7,17

2.2. Gepfropfte Polyamide

Die mit aromatischen Aminen modifizierten Polyamide wurden wie oben diazotiert und die Diazoverbindungen wurden unter milden Bedingungen nach Zugabe von Fe^{2+}-Ionen zersetzt, wodurch Makroradikale entstehen, die in Anwesenheit verschiedener Vinylverbindungen wie Acrylamid (AA), Methylmethacrylat (MMA), N-Vinylpyrrolidon (NVP) und Acrylnitril (AN) zu gepfropften Polymeren führen. Die Fe^{2+}-Ionen werden zur Verhütung der Homopolymerisation zugefügt. Es finden folgende Reaktionen statt:

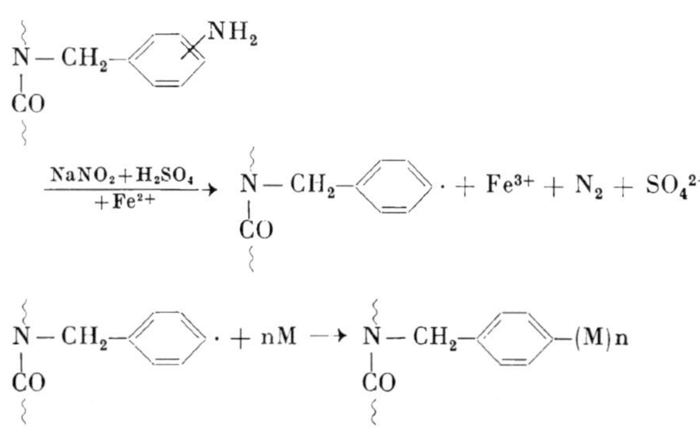

M = Vinylmonomeres.

Die Diazoverbindung wurde zu einer wäßrigen Suspension (oder Lösung) des Monomeren, die auch Eisensulfat enthielt, beigefügt und 6 h lang bei 60 °C gepfropft. In Tabelle 5 sind die erhaltenen Verbindungen, deren Farbe und Grenzviskosität (in 96,4%iger Schwefelsäure bei 20 °C) zusammengefaßt.

Die mit Methylmethacrylat und Acrylnitril gepfropften Polymeren waren nur teilweise löslich, so daß die Grenzviskositäten dieser Polymeren nicht bestimmt werden konnten. Die Viskosität der Polymeren fällt nach dem Pfropfen, was durch die Bildung verzweigter Polymerer erklärt wird. Die Zugfestigkeit wird nicht wesentlich verändert.

Tabelle 5. Formel, Farbe und Grenzviskosität der gepfropften Polyamide

Substanz	Formel	Farbe	Grenzviskosität
PA-A-MMA	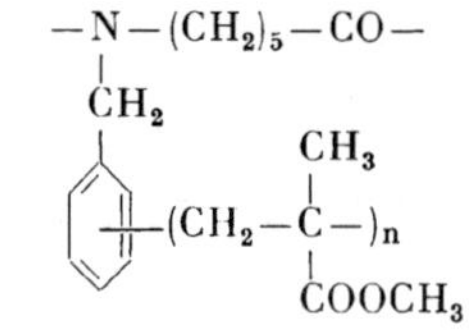	gelb	1,06
PA-A-AA	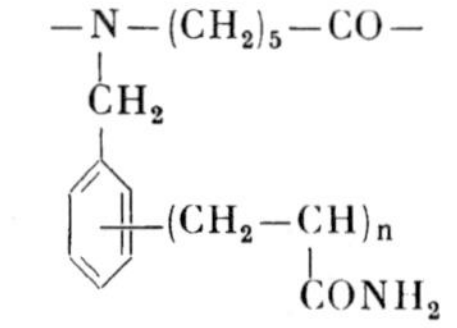	gelb-braun	1,04
PA-ANVP	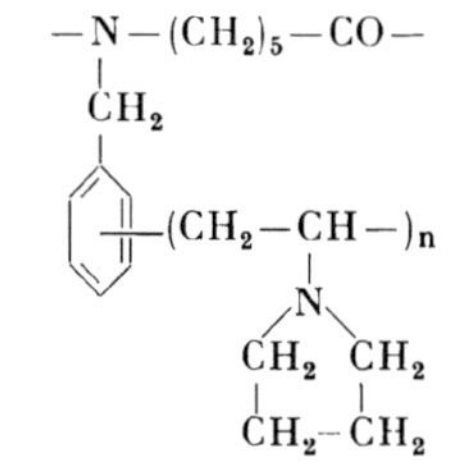	gelb-grün	1,04
PA-B-MMA	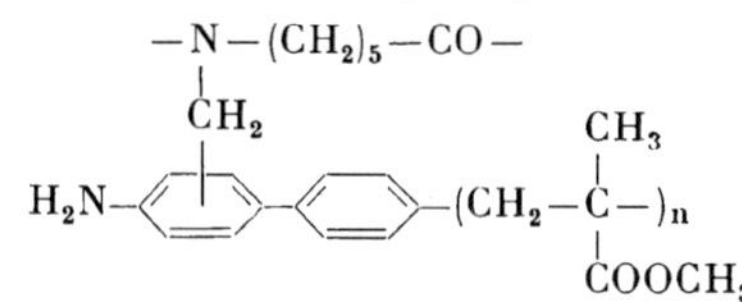	braun-gelb	nicht löslich
PA-B-AA	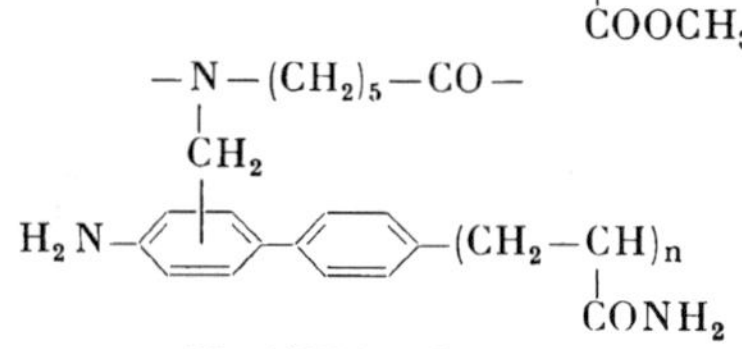	braun-gelb	1,04
PA-B-AN	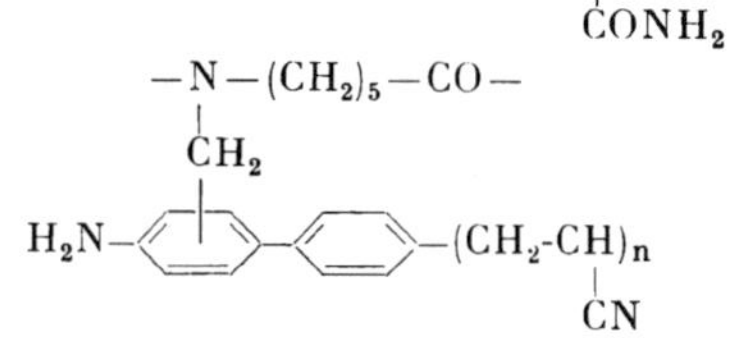	gelb	nicht löslich

Tabelle 6. Ergebnisse der thermogravimetrischen und differential-thermoanalytischen Messungen sowie der Schmelzpunktbestimmungen mit dem Boëtius-Heiztisch-Mikroskop

Substanz	TGA Masseverlust bei 400 °C in %	TGA T_i	TGA T_m	DTA Anzahl der Max.	DTA T_i	DTA T_m	T_{Schmp} °C
PA	36,5	257	410	enxoth.	172	178	218–220
				endoth.	210	214	
PA-A	33,04	275	420	exoth.	202	212	223
				endoth.	218	222	
PA-A-MMA	30,30	320	418	exoth.	172	183	220
				endoth.		215	
PA-A-NVP	30,55	268	418	endoth.	205	220	224
PA-A-AA	23,84	275	435	endoth.	203	218	220
PA*)	15,2	314	455	exoth.	178	196	218–220
				endoth.	—	212	
PA-B*)	11,1	338	455	exoth.	—	202	223
				endoth.	—	218	
PA-B-MMA*)	15,1	278	415	exoth.	185	205	228
				endoth.	—	225	
PA-B-AA*)	5,6	312	445				222
PA-B-AN*)	14,7	262	433	endoth.	195	210	227–228

*) TG-100; DTG-1/15; DTA-1,5; Geschwindigkeit 11,9 grd/min; alle anderen -TG-20; DTG-1/15; DTA-1/5; Geschwindigkeit 2 grd/min.

Tabelle 7. Feuchteabsorption in % bei verschiedenen relativen Luftfeuchten

Substanz	60	80	100
PA	2,81	5,25	8,68
PA-A	3,19	5,68	13,58
PA-A-AA	3,01	6,05	14,32
PA-A-NVP	2,82	6,54	12,41
PA-A-MMA	3,24	6,62	10,60
PA-B	2,93	5,70	9,11
PA-B-AA	3,05	6,44	11,60
PA-B-MMa	2,94	5,21	9,13
PA-B-AN	2,59	5,70	9,65

Die thermogravimetrischen und differentialthermoanalytischen Messungen zeigen eine Zunahme der Stabilität gegen die Einwirkung des Luftsauerstoffs und der thermischen Stabilität der Pfropfcopolymeren an (Tabelle 6).

Die Feuchteaufnahme der Pfropfcopolymeren besonders der mit Acrylamid und N-Vinylpyrrolidon gepfropften Polyamide, ist ebenfalls erhöht (Tabelle 7).

3. *Zusammenfassung*

Durch die Einwirkung von Formaldehyd und verschiedenen aromatischen Aminen wie Anilin, Benzidin, *m*-Phenylendiamin, α-Naphthylamin, *p*-Toluidin und Dianisidin auf Poly-ε-caprolactam bei Zimmertemperatur, gefolgt von einer Diazotierung und Kupplung der erhaltenen Zwischenprodukte, erhielten wir farbige Verbindungen. Die modifizierten Polyamide zeichnen sich durch große Stabilität der Farbe, erhöhte Thermostabilität, erhöhte Stabilität gegenüber Sauerstoffeinwirkung und erhöhte Feuchtaufnahme aus. Wird die Diazogruppe, die nach dem Diazotieren der modifizierten Polyamide entsteht, in Anwesenheit polymerisierbarer Verbindungen wie Acrylamid, Methylmethacrylat, N-Vinylpyrrolidon, Acrylnitril zersetzt, so erhält man Propfcopolymere, die eine größere Thermostabilität, erhöhte Feuchteaufnahme und teilweise (die mit Acrylnitril und Methylmethacrylat gepfropften Polyamide) eine größere Stabilität gegen Lösungsmittel aufweisen.

Literatur

[1] *Bykov, A. N.:* Synthese und Untersuchung einiger farbiger Polyamide. Vysokomol. Soed. (Hochmol. Verbind.) **3** (1961) 9, S. 1307—1310.

[2] *Bykov, A. N.*, und *Frolov, S. S.:* Synthese und Untersuchung farbiger Polymerer des Caprolactams. Chim. Volokna (Chem. Fasern) (1961) 1, S. 15—17.

[3] *Bykov, A. N., Ermolaeva, E. A., Kirillova, T. M.*, und *Lic, N. P.:* Polymere aus Caprolactam und Aminoanthrachinonen als Stabilisatoren des Polymerisationsprozesses. Chim. Volokna (Chem. Fasern) (1962) 4, S. 9—10.

[4] *Bogdanov, M. N., Leščiner, A. U.*, und *Pljaškevič, L. A.:* Einführung aromatischer Aminoendgruppen in Poly-ε-caproamid mit Hilfe von *m*-Phenylendiamin und dessen Hydrochlorid. Vysokomol. Soed. (Hochmol. Verbind.) **8** (1966), 8, S. 1423—1427; dt. in: Sowj. Beitr. Faserforsch. Textiltechnik **3** (1966) 12, S. 34—36.

[5] *Bogdanov, M. N., Leščiner, A. U.*, und *Pljaškevič, L. A.:* Herstellung von farbigen Kapronfäden. Chim. Volokna (Chem. Fasern) (1967) 3, S. 8—11; dt. in: Sowj. Beitr. Faserforsch. Textiltechnik **4** (1967) 10, S. 521—525.

[6] *Richards, G. N.:* Diazoniumderivate der Cellulose als Starter für die Pfropfpolymerisation. J. appl. Polymer Sci. **5** (1961) S. 553—557.

[7] *Rogovin, Z. A., Sun'Tun, Virnik, A. D.*, und *Chvostenko, N. M.:* Synthese neuer Derivate der Cellulose und anderer Polysaccharide. XIX. Synthese von Pfropfcopolymeren der Cellulose mit Polymeren mit Kohlenstoffkette ohne gleichzeitige Bildung von Hochpolymeren. Vysokomol. Soed. (Hochmol. Verbind.) **4** (1962) 4, S. 571—576.

[8] *Hermans, J. J.:* Chemical mechanisms in the grafting of cellulose. Pure appl. Chem. **5** (1962) S. 147—164.

[9] *Simionescu, Cr.:* Einige Ergebnisse der Pfropfung von Cellulose und Cellulosederivaten mit Vinylmonomeren. Abh. dt. Akad. Wiss. Berlin, Kl. Chemie, Geologie, Biologie (1965) 3, S. 173—182.

[10] *Rusan, V., Asandei, N.*, und *Simionescu, Cr.:* Pfropfung von Calciumalginatfasern mit Vinylmonomeren in der Dampfphase. Cellulose Chem. Technol., Jassy/Rum. **1** (1967) 6, S. 655—680.

Eingegangen am 20. Februar 1970

Modelluntersuchungen über die katalytische Wirksamkeit von Antimonverbindungen bei der Polyäthylenterephthalatbildung

Heinz Zimmermann und Eckehart Schaaf[1])

Deutsche Akademie der Wissenschaften zu Berlin, Institut für Faserstoff-Forschung in Teltow-Seehof

DK 678.674'524'420:541.128:[678.02:66.095.3]:546.86

Die Ursachen für die mangelhafte katalytische Aktivität von Antimonverbindungen bei der Umesterung des Terephthalsäuredimethylesters mit Äthylenglykol und in der Anfangsphase der Polykondensation des Bis-(2-hydroxyäthyl)-terephthalates wurden unter Modellbedingungen untersucht.

Модельные исследования к вопросу о каталитической активности соединений сурьмы в процессе получения полиэтилентерефталата

В модельных условиях изучены причины недостаточной каталитической активности соединений сурьмы в процессе переэтерификации диметилтерефталата этиленгликолем и в начальной стадии поликонденсации бис-(2-оксиэтил)-терефталата.

Model Investigations on the Catalytic Activity of Antimony Compounds in the Formation of Polyethylene Terephthalate

The factors causing the reduction in catalytic activity of antimony compounds in transesterification reactions of terephthalic dimethyl ester with ethylene glycol in the initial stage of the polycondensation of bis-(2-hydroxyethyl)-terephthalate have been investigated under model conditions.

1. *Einleitung*

Antimonverbindungen gehören zu den Metallderivaten, die am häufigsten als Katalysatoren bei der Polyäthylenterephthalatherstellung Verwendung finden. Sie gewährleisten eine hohe Reaktionsgeschwindigkeit bei der Aufbaureaktion, beschleunigen aber im Gegensatz zu manchen anderen ähnlich aktiven Metallverbindungen die thermische Spaltung des Polyesters nur wenig [1]. Ein Nachteil der Antimonderivate besteht jedoch darin, daß sie nur die Polyumesterungsreaktion der 2-Hydroxyäthylterephthalat-Gruppen, d. h. die Polykondensationsstufe, katalysieren und nicht oder zumindest nur unzureichend die Umesterung des Terephthalsäuredimethylesters (TDME) mit Äthylenglykol. Sie teilen diese Eigenschaft mit den ebenfalls als Polykondensationskatalysatoren hochwirksamen Germanium- und Titanverbindungen. Man ist gezwungen, für die erste Umesterungsstufe einen anderen Katalysator zusätzlich zu verwenden.

Es gibt allerdings auch Hinweise, daß unter besonderen Reaktionsbedingungen die Umesterung des TDME durch Antimon- und Germaniumderivate katalysiert werden soll. Die Umesterung wird danach entweder im Autoklaven unter erhöhtem Druck bei 250 °C durchgeführt [2], oder das Äthylenglykol wird der auf 250 °C erhitzten Reaktionsmischung kontinuierlich zugegeben [3].

Die praktische Erfahrung zeigte, daß auch zu Beginn der Polykondensation des Bis-(2-hydroxyäthyl)-terephthalates bzw. seiner Gemische mit Äthylenglykol und linearen Oligomeren die katalytische Aktivität von Antimonverbindungen noch relativ gering ist.

2. *Umesterungsversuche in Gegenwart von Antimonkatalysatoren*

Als eine Erklärung für die mangelhafte katalytische Aktivität von Antimonverbindungen zu Beginn der Polykondensation diskutieren *Stevenson* und *Nettleton* [4] die Inaktivierung des Antimonkatalysators durch Bis-(2-hydroxyäthyl)-terephthalat. Sie kommen zu dieser Schlußfolgerung im Ergebnis von Polykondensationsversuchen im geschlossenen System, die kinetischen Betrachtungen dienten.

Wir haben uns im Zusammenhang mit Untersuchungen über den Chemismus der Katalysatorwirkung bei der PÄT-Bildung ebenfalls mit der Katalyse durch Antimonverbindungen befaßt und dazu Umesterungsversuche unter Modellbedingungen durchgeführt, die in verschiedener Hinsicht mit den realen Verhältnissen der Umesterung und Polyumesterung besser korrespondieren sollten als Versuche im geschlossenen System.

2.1. *Umesterung von Terephthalsäuredimethylester mit Octylalkohol*

Um den Reaktionsverlauf übersichtlicher zu gestalten und mögliche Beeinflussungen durch entstehendes Bis-(2-hydroxyäthyl)-terephthalat zu erkennen, haben wir neben der Umesterung des TDME mit Äthylenglykol auch die Umesterung mit Octylalkohol untersucht. Als Katalysatoren wurden $Sb(CH_3COO)_3$ und $Sb(OC_2H_5)_3$ sowie zum Vergleich $Mn(CH_3COO)_2$ eingesetzt. Die Umesterungsversuche erfolgten in einer an anderer Stelle [5] beschriebenen Apparatur entsprechend der dort angegebenen Versuchsbeschreibung bei 190 °C.

In Bild 1 ist der aus dem abgespaltenen Methanol berechnete Umsatz in Abhängigkeit von der Reaktionszeit dargestellt. Manganacetat bewirkt, auch mit Octylalkohol, eine hohe Umesterungsgeschwindigkeit. Die zu Beginn langsamere Methanolabspaltung bei der Reaktion des TDME mit Octylalkohol ist sicher darauf zurückzuführen, daß sich das Manganacetat in Octylalkohol langsamer löst als in Äthylenglykol. Die Kurven 1, 2, 3 und 4 in Bild 1 zeigen demgegenüber eindeutig, daß die Antimonverbindungen unter den angewandten Versuchsbedingungen weder in Gegenwart von Äthylenglykol noch von Octylalkohol katalytisch wirksam sind. Damit ist aber bereits ein wesentlicher Hinweis dafür gegeben, daß nicht speziell Bis-(2-hydroxyäthyl)-terephthalat für die Unterdrückung der katalytischen Wirksamkeit des Antimons verantwortlich sein kann.

[1]) vgl. auch Dissertation *E. Schaaf*, T.H. Magdeburg 1970.

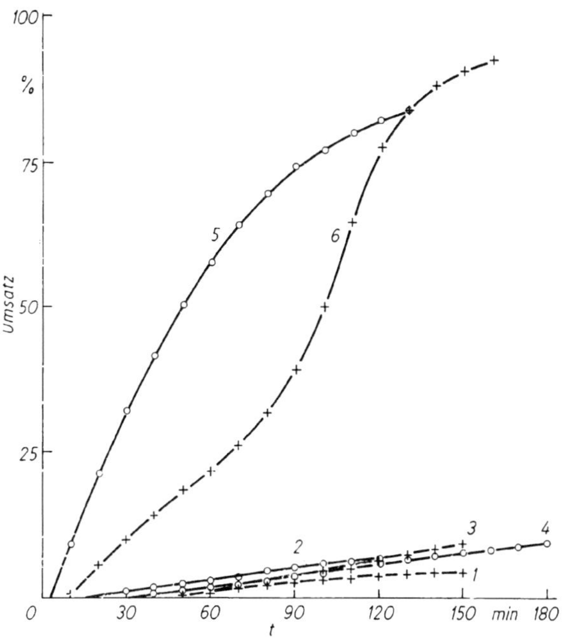

Bild 1. Umesterung des TDME mit ○ Äthylenglykol und mit + Octylalkohol in Gegenwart verschiedener Katalysatoren bei 190 °C
1 und 2 $1 \cdot 10^{-3}$ mol $Sb(OC_2H_5)_3$/mol TDME
3 und 4 $5 \cdot 10^{-4}$ mol $Sb(CH_3COO)_3$/mol TDME
5 und 6 $2 \cdot 10^{-4}$ mol $Mn(CH_3COO)_2$/mol TDME

2.2. Polyumesterung des Bis-(2-hydroxyäthyl)-terephthalates

Da Antimonkatalysatoren, wie bereits gesagt, auch in dem Übergangsstadium von der primären Umesterung zur Polykondensation noch nicht ihre volle Aktivität aufweisen, erschien es interessant, die Temperaturabhängigkeit der Katalysatorwirksamkeit bei der Polykondensation des Bis-(2-hydroxyäthyl)-terephthalates in dem Bereich von 220 bis 280 °C zu untersuchen. Diese Umesterungsversuche wurden ebenfalls unter Normaldruck durchgeführt. Wird die Polyumesterung wie üblich unter Vakuum vorgenommen, so erstarrt die Schmelze bei Reaktionstemperaturen unterhalb des Schmelzpunktes von PÄT sehr bald, da bereits bei $\overline{P}$ von etwa 10 der Polymerenschmelzpunkt erreicht ist [6].

Als Katalysatoren wurden Antimonglykolat $Sb_2 \cdot (OCH_2CH_2O)_3$ und zum Vergleich wiederum $Mn(CH_3 \cdot COO)_2$ eingesetzt. Außerdem wurde die Umesterung in Abwesenheit eines Katalysators verfolgt.

2.2.1. Versuchsbeschreibung

Für die Umesterungsreaktionen wurde eine Apparatur verwendet, wie sie von *Lohmann* [7] für ähnliche Untersuchungen konzipiert worden war.

In einem durch ein Metallbad (Kontaktthermometer, Gasrelais) beheizten Reaktionskolben wurden 0,075 mol Bis-(2-hydroxyäthyl)-terephthalat und $2{,}5 \cdot 10^{-4}$ mol Mn · $(CH_3COO)_2$/mol Monomeres bzw. $1{,}25 \cdot 10^{-4}$ mol $Sb_2(OCH_2 \cdot CH_2O)_3$/mol Monomeres auf die Reaktionstemperatur erwärmt. Durch Vorversuche wurde die Badtemperatur bestimmt, bei der die gewünschte Reaktionstemperatur im Kolben erreicht wird. Die Reaktionstemperatur konnte auf ±2 grd eingehalten werden. Außerdem wurde die Zeit ermittelt, die vom Eintauchen des Kolbens bis zum Erreichen der Reaktionstemperatur benötigt wird. Mit der Zeitmessung wurde nach dieser Aufheizperiode (2,5 min) begonnen. Das bei der Reaktion entstehende Äthylenglykol wurde mittels eines durch die Schmelze geleiteten konstanten Stickstoffstroms von 2,7 l/h über eine Kolonne in eine wassergefüllte Vorlage getrieben. Um einen Glykolrücklauf zu vermeiden, wurde die Kolonne durch siedendes Tetralin und eine Wickelheizung auf 207 °C gehalten. Der Vorlagenwechsel erfolgte alle 15 min. Nach der Oxydation mit Kaliumdichromat in verdünnter Schwefelsäure konnte die Menge des Äthylenglykols kolorimetrisch bestimmt werden.

Das Bis-(2-hydroxyäthyl)-terephthalat wurde durch Umesterung von TDME mit Äthylenglykol hergestellt. Als Katalysator wurden 2 Masse% Tributylamin (bezogen auf TDME) verwendet. Nach der Umkristallisation aus Wasser und Aceton lag der Schmelzpunkt des katalysator- und oligomerenfreien Monomeren bei 110 bis 111 °C.

2.2.2. Versuchsergebnisse und Auswertung

Die Berechnung des Reaktionsfortschrittsgrades p erfolgte nach Gleichung (1), die aus der *Flory*schen Definition $p = 1 - N/N_0$ abgeleitet wurde:

$$p = 1 - \frac{m_0(a_0 - 2a_t)}{a_0(m_0 - a_t)}; \qquad (1)$$

m_0 = Reaktionsmasse zur Zeit $t = 0$,
a_0 = Masse des zur Zeit $t = 0$ als Hydroxyäthylendgruppen gebundenen Äthylenglykols,
a_t = Masse des zur Zeit t abgespaltenen Äthylenglykols.

In den Bildern 2, 3 und 4 ist der Reaktionsfortschrittsgrad bei den verschiedenen Polyumesterungsversuchen in Abhängigkeit von der Reaktionszeit dargestellt. Der Vergleich zeigt, daß Antimon bei 220 °C bereits katalytisch wirksam ist; ohne Katalysator wird bei dieser Temperatur keine meßbare Glykolabspaltung beobachtet. Es ist aber ebenso klar zu erkennen, daß selbst bei 280 °C die katalytische Aktivität des Antimons noch nicht die des Mangans erreicht. Es ist weiterhin bemerkenswert, daß der Kurvenverlauf der antimonkatalysierten Reaktion bei allen Temperaturen, weitgehend übereinstimmend mit der unkatalysierten Umesterung, auf eine

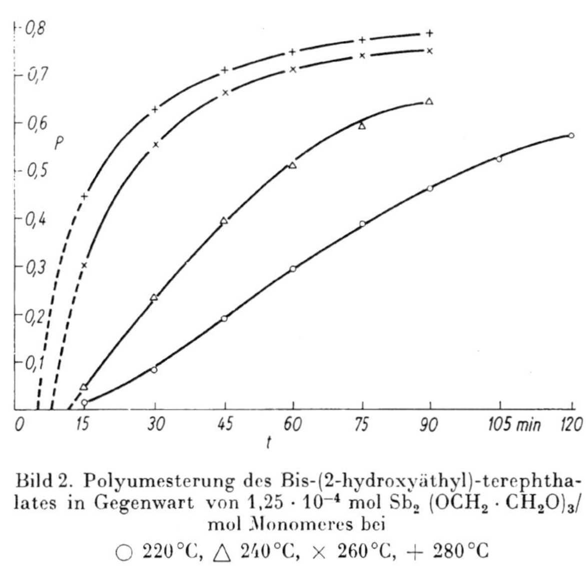

Bild 2. Polyumesterung des Bis-(2-hydroxyäthyl)-terephthalates in Gegenwart von $1{,}25 \cdot 10^{-4}$ mol $Sb_2(OCH_2 \cdot CH_2O)_3$/mol Monomeres bei
○ 220 °C, △ 240 °C, × 260 °C, + 280 °C

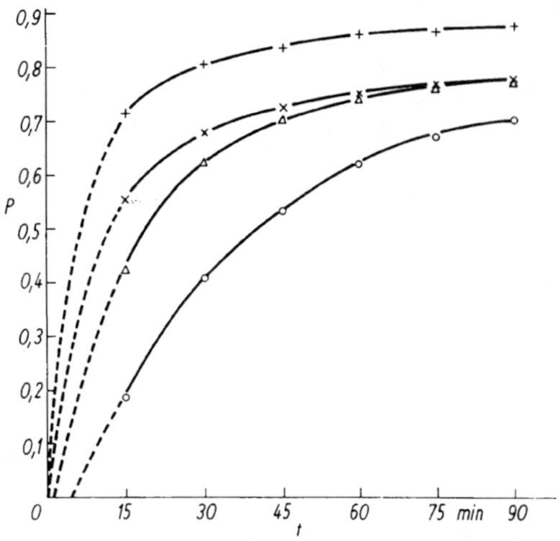

Bild 3. Polyumesterung des Bis-(2-hydroxyäthyl)-terephthalates in Gegenwart von $2{,}5 \cdot 10^{-4}$ mol Mn $(CH_3COO)_2$/mol Monomeres bei
○ 220 °C, △ 240 °C, × 260 °C, + 280 °C

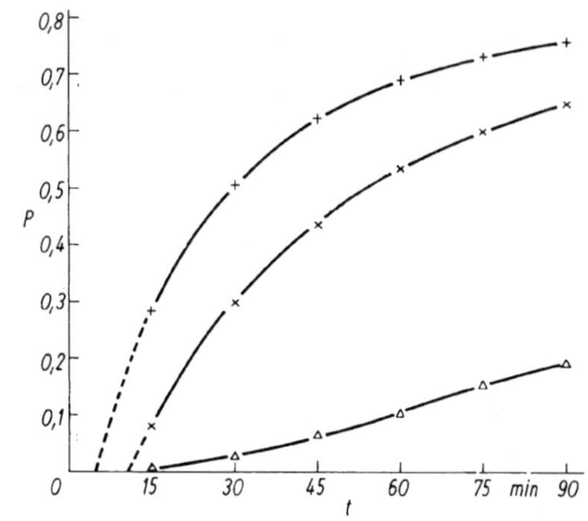

Bild 4. Polyumesterung des Bis-(2-hydroxyäthyl)-terephthalates ohne Katalysatorzusatz bei
△ 240 °C, × 260 °C, + 280 °C

scheinbare „Totzeit" hinweist. Es handelt sich ganz sicher nicht um eine echte Totzeit, d. h. einen verzögerten Beginn der Umesterung, sondern um eine — abweichend von dem unterbrochen gezeichneten Kurvenverlauf — langsam beginnende und mit fortschreitender Reaktion schneller werdende Glykolabspaltung.

Eine exakte kinetische Auswertung der Versuchsergebnisse und Berechnung der Reaktionsordnung und der Reaktionsgeschwindigkeitskonstanten war nicht das Ziel der Untersuchungen und nach der Anlage der Versuche auch wenig sinnvoll. Zu dieser Problematik liegen zudem bereits ausreichende experimentell gesicherte Angaben vor [8]. Für eine näherungsweise Berechnung, die einen zahlenmäßigen Vergleich der in den Bildern 2 bis 4 dargestellten Versuchsergebnisse ermöglicht, bot sich jedoch ein vereinfachtes Verfahren an, das von *Wilkinson* beschrieben worden war [9].

Für ganzzahlige und gebrochene Werte von n ($n \neq 1$) gilt allgemein

$$\frac{1}{n-1}\left[\frac{1}{[A]^{n-1}} - \frac{1}{[A]_0^{n-1}}\right] = kt\,; \qquad (2)$$

n = Reaktionsordnung,
$[A]$ = Konzentration des Reaktionspartners A zur Zeit t,
$[A]_0$ = Konzentration des Reaktionspartners A zur Zeit $t = 0$,
k = Geschwindigkeitskonstante.

Gleichung (2) kann auch formuliert werden

$$(1-y)^{1-n} = 1 + (n-1)k't, \qquad (3)$$

wobei

$$y = 1 - \frac{[A]}{[A]_0} \qquad (4)$$

und

$$k' = k[A]_0^{n-1} \qquad (5)$$

ist.

y ist demnach mit dem Reaktionsfortschrittsgrad p identisch. Aus Gleichung (3) erhält man durch eine Reihenentwicklung nach dem Binomialsatz, wenn man

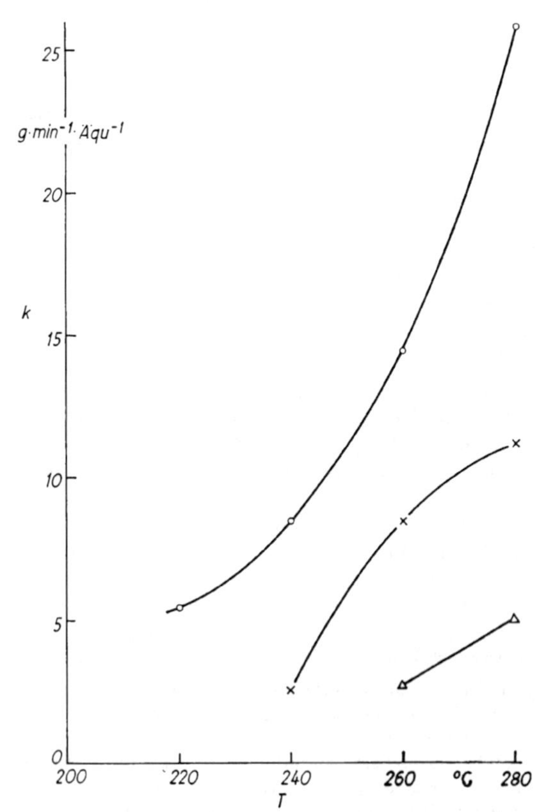

Bild 5. Polyumesterung des Bis-(2-hydroxyäthyl)-terephthalates. Abhängigkeit der Geschwindigkeitskonstanten von der Reaktionstemperatur in Gegenwart von
○ $2{,}5 \cdot 10^{-4}$ mol Mn $(CH_3COO)_2$/mol Monomeres
+ $1{,}25 \cdot 10^{-4}$ mol Sb_2 $(OCH_2CH_2O)_3$/mol Monomeres
△ ohne Katalysator

die Glieder zweiten und höheren Grades vernachlässigt,

$$\frac{t}{y} = \frac{1}{k'} \cdot \frac{nt}{2} \quad \text{bzw.} \quad \frac{t}{p} = \frac{1}{k'} \cdot \frac{nt}{2}. \tag{6}$$

Trägt man in einem Diagramm t/p gegen die Zeit t auf, so erhält man eine Gerade mit der Steigung $n/2$, die die Ordinate bei $1/k'$ schneidet.

Das Verfahren gestattet, die Reaktionsordnung auf wenigstens eine halbe Einheit genau festzulegen.

Aus den in den Bildern 2 bis 4 dargestellten Zahlenwerten für p wurden die Geschwindigkeitskonstante k' und die Reaktionsordnung graphisch ermittelt. Dabei ergab sich, daß die Polyumesterung des Bis-(2-hydroxyäthyl)-terephthalates unter den von uns angewandten Bedingungen wie die Polykondensation unter Vakuum [8] annähernd einem Geschwindigkeitsgesetz zweiter Ordnung folgt.

Für $n \equiv 2$ wurden nach Gleichung (5) aus den Werten für k' die Geschwindigkeitskonstanten k berechnet und in Abhängigkeit von der Reaktionstemperatur in Bild 5 aufgetragen. Noch deutlicher als die p-T-Diagramme läßt diese Darstellung erkennen, daß die Reaktionsgeschwindigkeit mit Erhöhung der Temperatur erwartungsgemäß zunimmt, daß jedoch in Gegenwart des Antimonkatalysators bei tieferen Temperaturen ein viel stärkerer Abfall der Geschwindigkeitskonstanten zu verzeichnen ist als in Gegenwart von Mangan.

3. *Diskussion der Ergebnisse und Schlußfolgerungen*

Verfolgt man die Polykondensation des Bis-(2-hydroxyäthyl)-terephthalates unter den üblichen Versuchsbedingungen unter Vakuum bei 280 °C anhand der Zunahme der relativen Lösungsviskosität in dem Bereich ab etwa $\eta_{rel} = 1{,}15$, entsprechend einem Reaktionsfortschrittsgrad $p > 0{,}97$, so verläuft die antimonkatalysierte Reaktion bekanntlich mindestens ebenso rasch wie die mangankatalysierte. Im Bereich der in der vorliegenden Arbeit untersuchten geringeren Reaktionsfortschrittsgrade, oder allgemein gesagt, zu Beginn der Polykondensation, kann es sich daher kaum um eine reine Temperaturabhängigkeit der Antimonkatalyse handeln.

Eine Erklärung kann aus den Vorstellungen über den Chemismus der Katalysatorwirkung von Metallionen bei Umesterungen abgeleitet werden, über die an anderer Stelle ausführlich berichtet wird [10]. Die Umesterungsreaktionen verlaufen nach einem säure-analogen Mechanismus, indem ein Metallion als „Superproton" durch Koordination eine Estercarbonylbindung polarisiert und den Angriff einer alkoholischen Hydroxylgruppe erleichtert. Antimonverbindungen bilden leicht stabile Komplexverbindungen mit hydroxylgruppenhaltigen Liganden, ein bekanntes Beispiel ist das Kaliumantimontartrat. Man kann daher mit großer Wahrscheinlichkeit annehmen, daß das Antimon durch Hydroxylgruppen koordinativ abgesättigt wird und nicht zur Wechselwirkung mit Estercarbonylgruppen in der Lage ist, solange hohe Hydroxylgruppenkonzentrationen vorliegen, wie es während der Umesterung des TDME mit Äthylenglykol und zu Beginn der Polykondensation der Fall ist. Soweit es die sterischen Verhältnisse zulassen, werden auch Hydroxylgruppen des Bis-(2-hydroxyäthyl)-terephthalates an dieser Abschirmung durch Komplexbildung beteiligt sein. Für eine spezifische Inaktivierung des Antimons durch diesen Ester, wie sie von *Stevenson* und *Nettleton* diskutiert wird, gibt es nach den vorliegenden Versuchsergebnissen jedoch keine Hinweise.

Auf Grund der Ergebnisse von kinetischen Untersuchungen des Modellsystems Äthylenglykoldibenzoat/Glykol/Äthylenglykolmonobenzoat bei 197 °C kommt *Hovenkamp* [11] ebenfalls zu der Schlußfolgerung, daß die katalytische Aktivität des Antimons mit steigendem Polymerisationsgrad, d. h. sinkender Hydroxylgruppenkonzentration, zunimmt. Die weitere Feststellung, daß Carboxylgruppen die katalytische Aktivität des Mangans hemmen, trifft allerdings nur für den Temperaturbereich bis etwa 200 °C zu. Bei höheren Temperaturen, insbesondere bei der Polykondensationstemperatur, ist keine Beeinträchtigung der Mangankatalyse zu beobachten [5], zumindest nicht bei Carboxylgruppenkonzentrationen von 20 bis 30 µ Äqu/g PÄT, wie sie sich während der Polykondensation in Gegenwart von Manganverbindungen einstellen. Die Angleichung der katalytischen Aktivität von Antimon- und Manganverbindungen während der Polykondensation kann daher auch nicht durch eine zunehmende Hemmung der Mangankatalyse erklärt werden.

Die Spezifik der Katalysatorwirkung des Antimons — in ähnlicher Weise gilt das auch für Germanium- und Titanverbindungen — ist nicht von rein akademischem Interesse, sie muß auch bei der technischen Polyesterherstellung berücksichtigt werden. Umesterungskatalysatoren, wie Mangan-, Kobalt- oder Zinkverbindungen, werden zweckmäßigerweise vor der Polykondensation durch Zusatz von Phosphorsäurederivaten blockiert, um negative Auswirkungen, wie Verfäbungen und Verminderung der thermischen Stabilität des Polyesters, zu verhindern [1]. Eine geeignete Katalysator/Inhibitor-Kombination ist z. B. Manganacetat/Antimontrioxid/Triphenylphosphat. Erfolgt der Zusatz des Inhibitors zu früh, d. h. unmittelbar nach Abschluß der Umesterung des TDME, so ist einerseits der Umesterungskatalysator blockiert, andererseits weist Antimon noch keine ausreichende katalytische Wirksamkeit auf. Die dadurch hervorgerufene Verzögerung des Prozeßablaufs kann u. a. zur Folge haben, daß beim Anlegen des Vakuums größere Mengen Bis-(2-hydroxyäthyl)-terephthalat und niedere Oligomere abdestillieren und zu technischen Störungen im Produktionsprozeß führen, wie Versetzen von Destillat-Rohrleitungen. Diese Gefahr ist besonders bei kontinuierlichen Verfahren der Polyesterherstellung gegeben. Für eine optimale Prozeßführung ist es daher wesentlich, daß der Katalysator für die primäre Umesterung auch noch in dem „kritischen" Anfangsbereich der Polyumesterung wirksam ist, so daß für die antimonkatalysierte Polykondensation ein Vorkondensat vorliegt, das bereits einen großen Anteil an Oligomeren enthält.

Für gewissenhafte experimentelle Mitarbeit danken wir Frau *A. Seganowa*.

Literatur

[1] *Zimmermann, H.*: Chemische Untersuchungen über faserbildende Polyester. I. Über die thermische Stabilität von Polyäthylenterephthalat. Faserforsch. u. Textiltechnik **13** (1962) 11, S. 481—490.

[2] Manufacture of highly polymeric polymethylene terephthalates. Imperial Chemical Industries Ltd., GBP 795 968 vom 4. 6. 1958.
[3] Manufacture of di-hydroxyalkyl esters of terephthalic acid. Imperial Chemical Industries Ltd., GBP 802 700 vom 8. 10. 1958.
[4] *Stevenson, R. W.*, und *Nettleton, H. R.*: Polycondensation rate of poly(ethylene terephthalate). I. Polycondensation catalyzed by antimony trioxide in presence of reverse reaction. J. Polymer Sci., A-1: Polymer Chem. **6** (1968) S. 889—900.
[5] *Zimmermann, H.*, und *Schaaf, E.*: Zur thermischen Stabilität von Terephthalsäuredimethylester. Faserforsch. u. Textiltechnik **20** (1969) 4, S. 185—190.
[6] *Nakamura, I.*, und *Hayashi, E.*: Low molecular weight polyethylene terephthalate and fiber forming property. J. Polymer Sci., B: Polymer Letters **2** (1964) S. 851 bis 854.
[7] *Lohmann, P.*: Kinetische Untersuchungen und Modellversuche zur metallionenkatalysierten Polyäthylenterephthalat-Bildung. Dissertation Karl-Marx-Universität Leipzig 1965.
[8] *Reinisch, G.*, *Zimmermann, H.*, und *Rafler, G.*: Zur gravimetrisch-kinetischen Analyse der Polyäthylenterephthalatbildung im offenen System. Faserforsch. u. Textiltechnik **20** (1969) 5, S. 225—230.
[9] *Wilkinson, R. W.*, in: *Frost, A. A.*, und *Pearson, R. G.*: Kinetik und Mechanismen homogener chemischer Reaktionen. Weinheim, Bergstr.: Verlag Chemie 1964, S. 43.
[10] *Zimmermann, H.*, und *Schaaf, E.*: Veröffentlichung in Vorbereitung; auszugsweise vorgetragen auf der Chemiedozententagung 1969, Rostock. Mitteilungsbl. Chem. Ges. DDR **16** (1969) 4, S. 84—86.
[11] *Hovenkamp, S. G.*: Kinetic aspects of the catalyzed transesterification and polycondensation in the formation of polyethylene terephthalate. IUPAC-Symp. Macromol. Chemie Budapest 1969; Preprints Vol. I, S. 113—117.

Eingegangen am 9. März 1970

Über Zusammenhänge zwischen Konformationszustand und Kristallinität von Polyäthylenterephthalat

Freimut Schönherr

VEB Chemiefaserkombinat Schwarza „Wilhelm Pieck", Rudolstadt

DK 678.674'524'420:539.193:539.26:541.6:541.621:543.422.4

Es wird der Versuch unternommen, durch Korrelation der IR-spektroskopisch bestimmten rotationsisomeren Formen des Äthylenglykolrestes von Polyäthylenterephthalat Aussagen über Zusammenhänge zwischen dem Konformationszustand und der Kristallinität zu gewinnen. Die Interpretation erfolgt auf der Grundlage eines Phasendiagrammes von Polyäthylenterephthalat.

К вопросу о взаимосвязях между конформацией и кристалличностью ПЭТ

Путем определения ротационно-изомерных форм остатка этиленгликоля в ПЭТ при помощи ИК-спектроскопии сделана попытка получить информацию о взаимосвязях между конформацией и кристалличностью ПЭТ. Для интерпретации применялась фазовая диаграмма полиэтилентерефталата.

The Relationship between Conformation and Crystallinity of PET

An attempt has been made to establish relationships between conformation and crystallinity of polyethylene terephthalate by correlating the rotation isomeric states of ethylene glycol groups as determined by IR spectroscopy. The interpretation is based on a phase diagramm of polyethylene terephthalate.

1. *Einleitung*

Bei der Temperung von Polyäthylenterephthalat (PÄT) verändern sich seine Eigenschaften, wie z. B. Festigkeit, Dehnung, Härte, Anfärbbarkeit, beträchtlich [1]. Diese Eigenschaftsänderungen sind die Folge von dabei auftretenden Strukturänderungen. Technologisch besonders wichtig ist in diesem Zusammenhang die oberhalb von etwa 95°C stattfindende Kristallisation des aus der Schmelze weitgehend amorph erstarrten PÄT. Dieser Kristallisationsvorgang ist u. a. durch Röntgenuntersuchungen [2], Dichte- und Transmissionsmessungen [3, 4], durch dilatometrische [5] und differential-thermoanalytische Untersuchungen [6] nachgewiesen worden.

Die strukturellen Veränderungen bei der Kristallisation sind auch im IR-Spektrum erkennbar. Man bezeichnete zunächst die Absorptionsbanden, deren Intensität bei der Kristallisation zunimmt, als kristalline und die Absorptionsbanden, deren Intensität dabei abnimmt, als amorphe Banden [7, 8]. *Ward* wies als erster darauf hin, daß die Mehrzahl der Absorptionsbanden, deren Intensität vom Ordnungsgrad abhängt, konformationsempfindliche Banden sind [9]. Der Äthylenglykolrest $-O-CH_2-CH_2-O-$ kann wegen der Drehbarkeit um die C–C-Bindung in trans- oder gauche-Konformation vorliegen (Bild 1). Diese beiden rotationsisomeren Formen weisen wegen der unterschiedlichen räumlichen Atomanordnung Unterschiede bezüglich der Symmetrie- und Aktivitätseigenschaften sowie hinsichtlich ihres Energiegehaltes auf, wobei das trans-Konformere die energetisch günstigere Anordnung darstellt. Dies führt zu spezifischen UR-Absorptionen der beiden Rotationsisomeren, zu trans- und gauche-Banden. Zuordnungen der UR-Absorptionsbanden für PÄT unter Berücksichtigung dieser Tatsache sind mehrfach gegeben worden [10 bis 13].

Die Intensität der trans-Banden nimmt mit steigendem Kristallinitätsgrad zu [13]. Das ist auf Grund der Röntgenstrukturanalyse von PÄT durch *Bunn* u. Mitarb. [14] verständlich. Danach kristallisiert PÄT in einer triklinen Elementarzelle, die eine Monomereinheit in trans-Konformation enthält. Die PÄT-Moleküle sind nach der Röntgenstrukturanalyse im Kristall weitgehend gereckt und parallel zur *c*-Achse angeordnet. Dadurch entsteht eine Molekülanordnung, die einer dichten Packung der Kettenmoleküle ähnlich ist. Es sind also sterische und energetische Gründe, die dazu führen, daß das PÄT im kristallinen Zustand nur in trans-Form vorliegt.

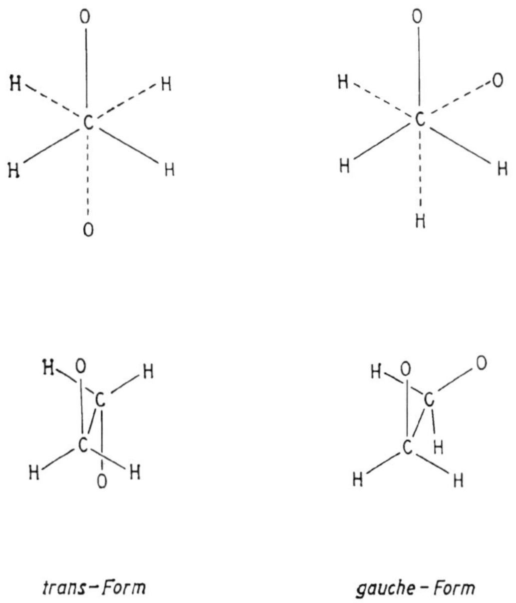

Bild 1. Rotationsisomere Formen der Äthylenglykolgruppe

Die Intensitäten der gauche-Banden nehmen dagegen bei der Kristallisation ab [13]. Die gauche-Form begünstigt Abwinkelung und Knäuelung des Polymermoleküls und ist deshalb für den amorphen Zustand charakteristisch. Dennoch liegt auch im „amorphen" PÄT nicht allein das gauche-Konformere, sondern ein geringerer Anteil trans-Konformeres vor, wobei sich das Verhältnis trans/gauche durch thermische Behandlung oder Reckung ändern kann [3, 15, 16]. In der vorliegenden Arbeit soll mit Hilfe der UR-Spektroskopie an ungereckten PÄT-Folien untersucht werden, wie sich das Verhältnis der Rotationsisomeren bei der Temperung ändert. Weiterhin soll versucht werden, durch Vergleich mit der Dichte der getemperten Folien Zusammenhänge zwischen Konformationsänderung und Ordnungsgad zu finden und zu diskutieren.

2. *Versuchsdurchführung*

2.1. *Probenbehandlung*

Die Untersuchungen wurden an handgezogenen, 8 bis 12 μm dicken PÄT-Folien durchgeführt[1]). Die Folien wurden in Siliconöl im Temperaturbereich von 65 °C bis 240 °C in Abständen von 5 grd jeweils 2 h getempert.

Nach dem Tempern wurden die Folien in Wasser von 20 °C abgeschreckt und in n-Heptan zur Entfernung des Siliconöls kurz gespült. Pro Temperaturstufe wurden drei Folien getempert und vermessen.

2.2. *UR-spektroskopische Messungen*

Die so behandelten Folien wurden auf Rähmchen geklebt und in den Strahlengang des UR 20 (VEB Carl Zeiss Jena) gebracht. Es wurde folgende Geräteeinstellung benutzt:

Spaltprogramm 4,
Registriergeschwindigkeit 25 cm^{-1}/min,
Schreibzeit für Vollausschlag 16 s,
Verstärkung 9,10,
Zeitkonstante 2.

[1]) Für die Bereitstellung der Folien sei Herrn Dr. *R. Schroth* vom VEB Chemiefaserkombinat Schwarza „Wilhelm Pieck" Rudolstadt herzlich gedankt.

2.3. *Dichtemessungen*

Die Dichte der getemperten Folien wurde nach der Schwebemethode bestimmt. Als Immersionsflüssigkeit dienten Tetrachlorkohlenstoff/Benzol-Mischungen. Zur Berechnung des Kristallinitätsgrades dienten die Bezugsdichten:

a) Röntgendichte des ideal-kristallisierten PÄT 1,455 g ml^{-1} [14].
b) Dichte des „rein amorphen" PÄT 1,327 g ml^{-1} (gemessen an den ungetemperten Folien).

3. *Auswertung der UR-spektroskopischen Messungen*

Die UR-spektroskopischen Absolutbestimmung der Rotationsisomeren erfolgte mit Hilfe einer von *Doskočilova, Schneider* und *Šebenda* [17] sowie von *Ruscher* und *Dechant* [18] auf Polyamide angewandten Methode. Diese behandelt das Polymere als Zweikomponentensystem, was im vorliegenden Fall gerechtfertigt ist, da das Polymere nur in trans- oder gauche-Konformation vorliegen kann. Über die Anwendung dieses Verfahrens wurde bereits berichtet [19]. Für die Bestimmung der Molenbrüche des trans-Konformeren x_t (im folgenden trans-Anteil bzw. gauche-Anteil genannt) bzw. des gauche-Konformeren x_g wurden folgende Banden des Äthylenglykolrestes in Betracht gezogen (Bild 2):

trans (t)	gauche (g)	Zuordnung*)
848 cm^{-1}	895 cm^{-1}	r CH_2
973 cm^{-1}	1042 cm^{-1}	*st* C–O
1337 cm^{-1}	1370 cm^{-1}	w CH_2

*) Zuordnung nach *Miyake* [13].

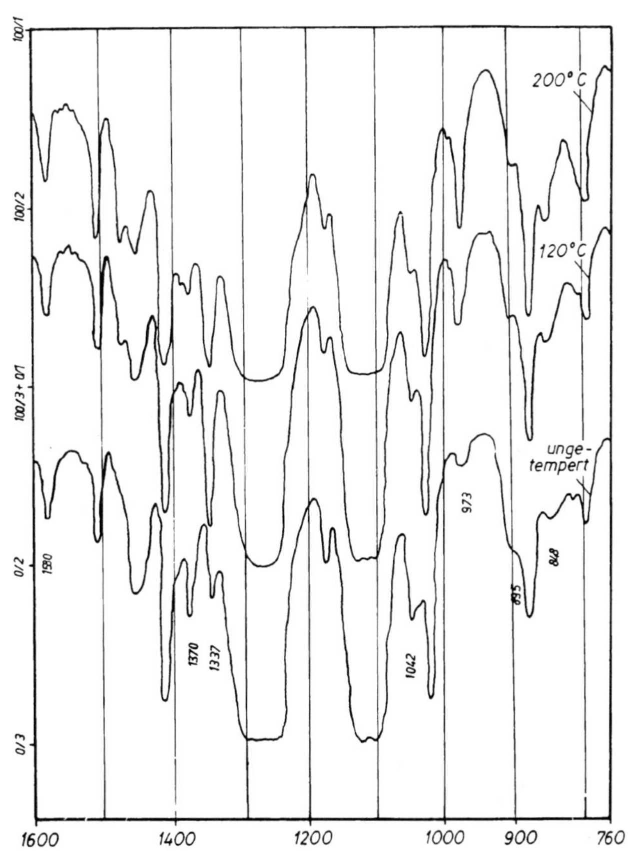

Bild 2. UR-Spektren von PÄT-Folien nach unterschiedlicher Temperung

Als Bezugsbande für die Ermittlung der Extinktionskoeffizienten diente die Bande bei 1580 cm^{-1} (C–C-Ringschwingung in plane [12]).

Für die x_t-Bestimmung wurden zunächst die Bandenkombinationen 848 cm^{-1}/898 cm^{-1}, 973 cm^{-1}/1042 cm^{-1}, 1337 cm^{-1}/1370 cm^{-1} verwendet. Dabei ergaben die Kombinationen 973 cm^{-1}/1370 cm^{-1} und 1337 cm^{-1}/1370 cm^{-1} gut übereinstimmende x_t- bzw. x_g-Werte mit den Quotienten der dekadischen Extinktionskoeffizienten $\varepsilon_{973}/\varepsilon_{1370} = 0{,}95$ und $\varepsilon_{1337}/\varepsilon_{1370} = 0{,}195$, während für die übrigen Bandenkombinationen Abweichungen beobachtet wurden. Der Grund dafür konnte nicht geklärt werden, doch dürfte eine Ursache sein, daß diese Banden mehr oder weniger als Schultern ausgebildet und somit der Extinktionsmessung nicht unmittelbar zugänglich sind. Die Bandenkombination 1337 cm^{-1}/1370 cm^{-1} konnte nur bis zur Temperungstemperatur von 160 °C ausgewertet werden. Bei Folien, die oberhalb dieser Temperatur getempert wurden, lag das Bandenmaximum der trans-Bande außerhalb des quantitativ auswertbaren Durchlässigkeitsbereiches.

Die der Auswertung zugrunde liegenden Extinktionen sind Maximalextinktionen, die nach dem Grundlinienverfahren gewonnen wurden. Eine Fehlerabschätzung ergab, daß bei der Beurteilung der Resultate mit einem Fehler von 8 bis 10% zu rechnen ist.

4. *Ergebnisse*

In den Bildern 3 und 4 sind der trans-Anteil und die Dichte in Abhängigkeit von der Temperungstemperatur dargestellt.

Man erkennt (Bild 3), daß der trans-Anteil bis zur Temperung von 95 °C bei einem Wert von etwa 0,13 konstant bleibt. Oberhalb von 95 °C erfolgt eine sprunghafte Zunahme der trans-Anteile bis auf einen Wert von 0,44, der bei etwa 120 °C erreicht ist. Danach ist bis 190 °C ein geringer Anstieg auf 0,60 mit anschließender erhöhter Zunahme des trans-Anteils zu verzeichnen. Dabei ist jedoch zu beachten, daß oberhalb 210 °C die Ergebnisse weniger gesichert sind, da man bei diesen Temperungstemperaturen unter den beschriebenen Bedingungen kaum noch spektroskopierbare Folien erhält.

Die Darstellung der Dichte der getemperten Folien als Funktion der Temperatur (Bild 4) zeigt einen ähnlichen Kurvenverlauf wie die Kurve $x_t = f(T)$, doch ist bereits qualitativ zu erkennen, daß die Dichte im Temperaturbereich von 120 bis 190 °C eine noch geringere Veränderung aufweist als die x_t-Werte.

Besonders deutlich ist dies in Bild 5 zu ersehen, in der die Dichte als Funktion des trans-Anteils aufgetragen wurde.

Für Temperaturen bis 120 °C ($D = 1{,}368$ g ml^{-1}) fanden wir den erwarteten [21] linearen Zusammenhang. Oberhalb dieser Temperatur, bis etwa 190 °C ($D = 1{,}376$ g ml^{-1}), beobachtet man eine Zunahme des trans-Anteils, ohne daß sich die Dichte merklich ändert. Ab 190 °C ist bei verstärkter Bildung von trans-Konformeren wieder proportionale Dichtezunahme zu beobachten.

5. *Diskussion der Ergebnisse*

Eine Interpretation der Meßergebnisse soll anhand des in Bild 6 dargestellten „Phasendiagramms" gegeben werden. Es geht von der Annahme aus, daß ein linearer Zusammenhang zwischen Dichte und Kristallinitätsgrad besteht. Auf der Abszisse ist die Dichte mit $D_0 = 1{,}327$ g

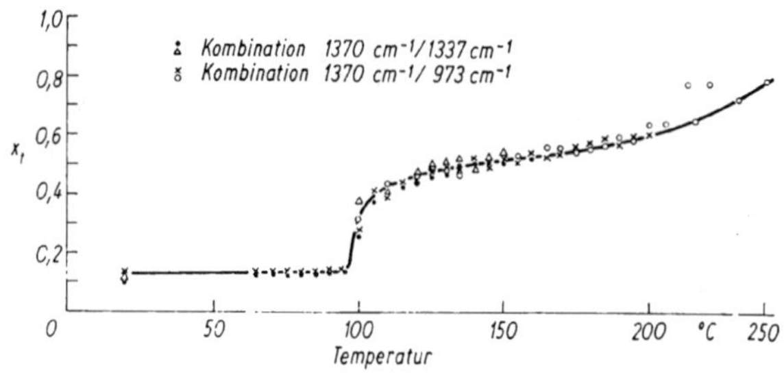

Bild 3. Abhängigkeit des trans-Anteiles von der Temperungstemperatur

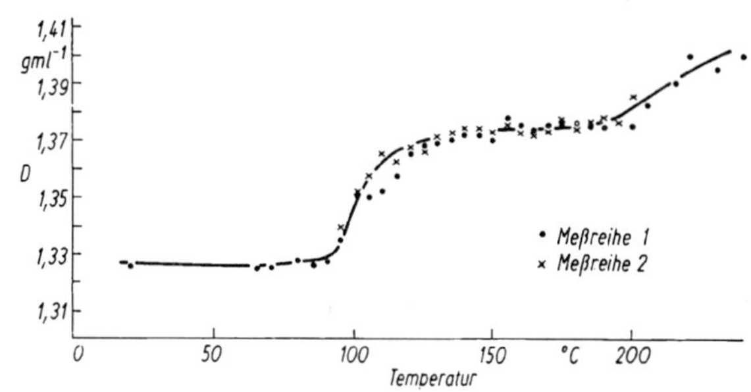

Bild 4. Abhängigkeit der Dichte von der Temperungstemperatur

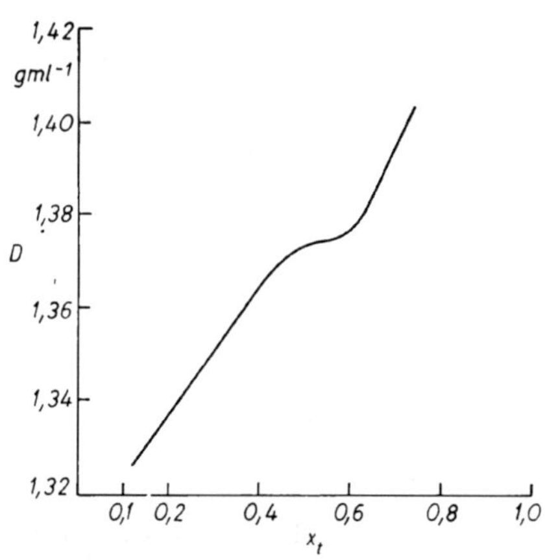

Bild 5. Dichte in Abhängigkeit vom trans-Anteil

$ml^{-1} \triangleq \alpha_k = 0\%$ und $D_{100} = 1{,}455$ g $ml^{-1} \triangleq \alpha_k = 100\%$ und auf der Ordinate der trans-Anteil von $x_t = 0$ bis $x_t = 1$ aufgetragen. Die Gerade *A* teilt das Diagramm in ein kristallines und ein amorphes Gebiet. Da im kristallinen Gebiet nur die trans-Form vorliegen kann, wird es mit t_k bezeichnet. Der amorphe Teil enthält gauche- und trans-Konformeres $(t_a + g_a)$. Die UR-spektroskopische Bestimmung völlig amorphen Materials ergab in allen Fällen einen trans-Anteil von etwa 0,13.

Vorausgesetzt, daß die amorphen Bereiche von PÄT auch nach der Temperung stets etwa 13% trans-Konformeres enthalten, wird durch die Gerade *B* der Teil trans-amorph (t_a) von den Bereichen trans-kristallin (t_k) und gauche-amorph (g_a) abgegrenzt. In der Kurve *C* ist der experimentell gefundene Zusammenhang zwischen

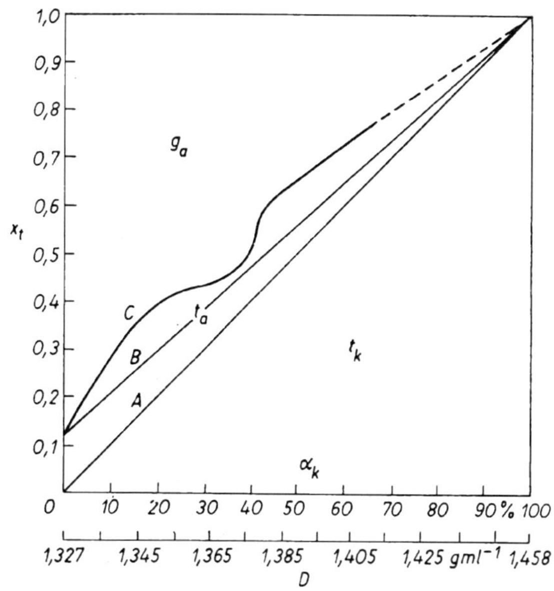

Bild 6. Phasendiagramm von PÄT

Dichte (Kritallinitätsgrad) und trans-Anteil aufgetragen. Man erkennt, daß das Verhältnis trans/gauche in den amorphen Bereichen bei der Temperung offenbar nicht konstant bleibt. Der Kurvenverlauf zeigt, daß bis zu einer Dichte von 1,355 g ml^{-1} ($T = 105\,°C$) nicht nur eine Erhöhung des Kristallinitätsgrades eintritt, sondern auch der trans-Anteil in der amorphen Phase ansteigt. Oberhalb dieser Dichte erfolgt allmählicher Angleich der Kurven *B* und *C* bis bei einer Dichte von 1,368 g ml^{-1} ($T = 120\,°C$) ein fast vollständiger Angleich erreicht ist. Darauf steigt der trans-Anteil deutlich an, ohne daß eine entsprechende Dichte- und damit Kristallinitätsgraderhöhung zu beobachten ist. Bei einer Dichte von 1,376 g ml^{-1} ($T = 190\,°C$) hat die Verschiebung des trans-gauche-Verhältnisses in der amorphen Phase ihren größten Wert erreicht. Bei höheren Temperaturen erfolgt allmählicher Angleich der Kurven *B* und *C* auf Grund entsprechender Kristallinitätsgraderhöhung.

Der Kurvenverlauf *C* zeigt, daß bei der Temperung von ungerecktem PÄT eine stärkere Zunahme des trans-Anteils eintritt, als der Kristallinitätsgraderhöhung entspricht. Dabei erfolgt die zusätzliche Umwandlung gauche/trans in der verbleibenden amorphen Phase. Dies entspricht den Vorstellungen von *Schmidt* und *Gay* [20, 21], die ebenfalls ein Phasendiagramm von PÄT mitteilen. Allerdings wurden die x_t-Werte auf andere Weise als in der vorliegenden Arbeit gewonnen.

Man kann den gefundenen Kurvenverlauf in der Weise deuten, daß die bei 95 °C einsetzende spontane Kristallisation eine Veränderung der zwischen den geordneten Bereichen befindlichen amorphen Bereiche nach sich zieht. Das führt zunächst zu einer zunehmenden Erhöhung des trans-Anteils in der amorphen Phase. Oberhalb etwa 105 °C ist jedoch eine solche Erhöhung des trans-Anteils in der amorphen Phase nicht mehr in ausreichendem Maße möglich, da dieser Umwandlung durch die Molekülknäuelung in der amorphen Phase Grenzen gesetzt sind. Das führt zu einer zunehmenden Verspannung der Struktur, die bei etwa 120 °C am größten ist. Oberhalb dieser Temperatur erfolgt eine Entspannung der Struktur durch Konformationsänderung gauch→trans in der amorphen Phase, wobei die Dichte nur unwesentlich ansteigt. Dieser Vorgang ist bei etwa 190 °C beendet. Oberhalb dieser Temperatur ist dann wieder zunehmende Kristallisation unter entsprechender Dichtezunahme zu beobachten.

Diese Deutung stimmt gut mit DTA-und DK-Messungen sowie Untersuchungen der mechanischen Dispersion und der Anfärbbarkeit überein [22, 23, 24].

Allerdings ist zu berücksichtigen, daß diesen Folgerungen die Behandlung des Polymeren als Zweiphasensystem zugrunde liegt. Dieses wird jedoch dem realen Zustand des Polymeren nicht gerecht, wie *Ruscher* [25] und *Zachmann* [26] zeigten. Danach ist das Polymere als ein System aufzufassen, das ein Spektrum von Ordnungszuständen unterschiedlichster Perfektion enthält. Demnach ist ein konventioneller Kristallinitätsgrad nicht angebbar. Unter diesem Gesichtspunkt ist es auch nicht mehr sinnvoll, ein Phasendiagramm der beschriebenen Art aufzustellen, obwohl dessen Anschaulichkeit unbestreitbar erscheint.

Daß das Zweiphasenmodell, mit einer amorphen Phase konstanter Zusammensetzung als eine Voraussetzung, dem realen Zustand des Polymeren nicht gerecht wird, wird durch diese Untersuchung bestätigt, denn die gefundene Erhöhung des trans-Anteils in der amorphen Phase ist als das Entstehen von Zuständen aufzufassen, die hinsichtlich ihres Ordnungsgrades zwischen dem amorphen und dem kristallinen Zustand liegen.

Herrn Dr. *E. Wiesener* danke ich sehr herzlich für zahlreiche förderliche Diskussion bei der Durchführung der Untersuchung und beim Abfassen des Manuskriptes. Mein Dank gilt auch Herrn Dr. *H. E. Seyfarth* und Herrn Dr. *H. Henkel* für ihre Hilfe bei der Interpretation der Meßergebnisse. Ferner danke ich Frau *Zeschke* für die sorgfältige Durchführung der experimentellen Arbeiten.

Zusammenfassung

Es wird über UR-spektroskopische Untersuchungen an ungereckten PÄT-Folien berichtet, die im Temperaturbereich von 65°C bis 240°C getempert wurden. Die dabei aufgetretenen Veränderungen des Konformationszustandes der Äthylenglykolgruppe wurden quantitativ bestimmt.

Es wurde der Versuch unternommen, durch Vergleiche der ermittelten trans-Anteile mit der Dichte Aussagen über den Zusammenhang zwischen Konformationszustand und Ordnungsgrad zu gewinnen.

Der Vergleich trans-Anteil/Dichte ergibt keinen linearen Zusammenhang dieser beiden Meßgrößen für den gesamten untersuchten Temperaturbereich. Dafür wird eine Interpretation auf der Grundlage eines Phasendiagrammes gegeben.

Literatur

[1] *Ludewig, H.:* Polyesterfasern, Chemie und Technologie. Berlin: Akademie-Verlag 1966.
[2] *Kilian, H. G., Halboth, H.,* und *Jenkel, E.:* Röntgenographische Untersuchungen über das Schmelz- und Kristallisationsverhalten von Polyterephthalsäureglykolester. Kolloid Z. **172** (1960) S. 166–177.

[3] *Farrow, G.*, und *Ward, J. M*: Crystallinity of polyethylene terephthalate. A comparison of X-ray, infrared and density measurements. Polymer, London **1** (1960) S. 330–339.

[4] *Mayhan, K. G.*, *James, W. J.*, und *Bosh, W.*: Polyethylene terephthalate. I. Study of crystallization kinetics. J. appl. Polymer Sci. **9** (1965) S. 3605–3616.

[5] *Kolb, H. J.*, und *Izard, E. F.*: Dilatometric studies of high polymers. J. appl. Physics **20** (1949) S. 546–571.

[6] *Ke, B.*: DTA of high polymers. IV. Satureted linear polyesters. J. appl. Polymer Sci. **6** (1962) S. 624–628.

[7] *Cobbs, W. H. jr.*, und *Burton, R. L.*: Crystallization of polyethylene terephthalate. J. Polymer Sci. **10** (1953) S. 275–290.

[8] *Miller, R. G. J.*, und *Willis, H. A.*: An indepentend measurement of amorphous content of polymers. J. Polymer Sci. **19** (1956) S. 485–494.

[9] *Ward, J. M.*: Rotational isomerism in polyethylene terephthalate. Chem. and Ind. (1956) S. 905–906.

[10] *Grime, D.*, und *Ward, J. M.*: The assignment of IR-absorption and rotational isomerism in PET and related compounds. Trans. Faraday Soc. **54** (1958) S. 959–971.

[11] *Vojzov, V. G.*, und *Gotlib, Ju. Ja.*: Über die Rotationsisomerie von Polyäthylenterephthalat. Optika i Spektroskopija, Moskva **15** (1963) S. 216–220.

[12] *Daniels, W. W.*, und *Kitson, R. E.*: Infrared spectroscopy of polyethylene terephthalate. J. Polymer Sci. **33** (1958) S. 161–170.

[13] *Miyake, A.*: The infrared spectrum of polyethylene terephthalate. I. The effect of crystallization. J. Polymer Sci. **38** (1959) S. 479–493.

[14] *Daubeny, R. P.*, *Bunn, C. W.*, und *Brown, C. J.*: The Crystal structure of polyethylene terephthalate. Proc. Royal Soc. *A* **226** (1954) S. 531–543.

[15] *Heffelfinger, C. J.*, und *Schmidt, P. G.*: Structure and properties of oriented polyethylene terephthalate films. J. appl. Polymer Sci. **9** (1965) S. 2661–2680.

[16] *Tadokoro, H.*, *Tatsuka, K.*, und *Murahashi, S.*: Infrared absorption spectra and structure of polyethylene terephthalate. J. Polymer Sci. **59** (1962) S. 413–423.

[17] *Doskočilova, D.*, *Schneider, B.*, und *Šebenda, J.*: On the structure and properties of polyamides. II. Determination of crystallinity in polycaprolactam blocks by infrared absorption. Coll. czechoslov. chem. Commun. **27** (1962) S. 1760–1769).

[18] *Ruscher, Ch.*, und *Dechant, J.*: Die Feinstruktur der Polyamide. IV. Bestimmung des Ordnungszustandes von Polycaprolactam durch UR-Spektroskopie. Faserforsch. u. Textiltechnik **15** (1964) S. 481–490.

[19] *Schönherr, F.*: UR-spektroskopische Absolutbestimmung der Rotationsisomeren in Polyäthylenterephthalat. Z. Chemie **9** (1969) S. 424–425.

[20] *Schmidt, P. G.*, und *Gay, F. P.*: Physikalische Charakterisierung von Poly-(äthylenglykol-terephthalat). Angew. Chemie **74** (1962) S. 638–641.

[21] *Schmidt, P. G.*: Polyethylene terephthalate structural studies. J. Polymer Sci. A**1** (1963) S. 1271–1292.

[22] *Henkel, H.*, und *Wiesener, E.*: Über den Einfluß des Ordnungsgrades auf die Glasumwandlungstemperatur von Polyäthylenterephthalat. Faserforsch. u. Textiltechnik **19** (1968) S. 369–371.

[23] *Illers, K. H.*, und *Breuer, H.*: Molecular motions in polyethylene terephthalate. J. colloid Sci. **18** (1963) S. 1–13.

[24] *Schroth, R.*: Physikochemische Prüfmethoden und ihre Anwendung zur Charakterisierung von Polyäthylenterephthalatfäden. Faserforsch. u. Textiltechnik **19** (1968) S. 258–264.

[25] *Ruscher, Ch.*: Die Feinstruktur der Hochpolymeren. Faserforsch. u. Textiltechnik **15** (1964) S. 513–521.

[26] *Zachmann, H. G.*: Kristallisations- und Schmelzverhalten hochpolymerer Verbindungen. Fortschr. Hochpolymeren-Forsch. **3** (1964) S. 581–687.

Eingegangen am 25. Februar 1970

Ultrarotspektroskopische Untersuchungen über den Ordnungszustand von Polyäthylenterephthalat [1)]

Rudi Danz, Johannes Dechant und *Christian Ruscher*

Deutsche Akademie der Wissenschaften zu Berlin, Institut für Faserstoff-Forschung in Teltow-Seehof, Abteilung Physik

DK 678.674'524'420:543.422.4:539.26:541.6:678.029.73

Die Vergrößerung des Ordnungsgrades von Polyäthylenterephthalat drückt sich in den Extinktionszunahmen der Ordnungsbanden aus. Einige Ordnungsbanden, die erst bei den Temperaturen über 180 °C auftreten, werden mit länger gestreckten Kettenabschnitten in Zusammenhang gebracht und sind als Regularitätsbanden anzusehen. Die ultrarotspektroskopischen Untersuchungen zeigen, daß beim Tempern oberhalb 235 °C ein partielles Schmelzen der PÄT-Proben stattfindet.

ИК-спектроскопические исследования к вопросу об упорядоченности полиэтилентерефталата

Повышение упорядоченности полиэтилентерефталата влечет за собой увеличение экстинкции соответствующих полос поглощения. Некоторые из них, появляющиеся лишь при температурах выше 180 °C, связываются с более длинными растянутыми участками цепи и рассматриваются как полосы регулярности. Проведенные спектроскопические исследования показывают, что при термической обработке выше 235 °C происходит частичное расплавление образцов полиэтилентерефталата.

IR Investigations of the Orientation in Polyethylene Terephthalate

An increase in the degree of order in polyethylene terephthalate is revealed in increasing extinction of corresponding IR bands. Some of these bands that only appear above 180 °C are ascribed to extended chain segments and considered as regularity bands. Annealing at temperatures above 235 °C results in partial melting of the samples.

1. *Einleitung*

Im Röntgenweitwinkeldiagramm von aus der Schmelze abgeschreckten Polyäthylenterephthalat(PÄT)-Proben ist ein breiter Interferenzring zu erkennen, wie er auch bei Flüssigkeiten und amorphen festen Körpern auftritt. Aus diesem Grunde soll der Ordnungszustand dieser Proben ebenfalls als amorph bezeichnet werden. Über die Problematik der Bestimmung des Ordnungszustandes im PÄT wurde bereits früher Stellung genommen [1], über neuere röntgenographische Ergebnisse wird in Kürze berichtet werden [2]. Wenn durch Abschrecken der Schmelze erhaltene amorphe PÄT-Proben bei +220 °C 2 h getempert werden, zeigt ihr Röntgendiagramm gut ausgebildete Interferenzmaxima, woraus man auf einen relativ großen Ordnungsgrad schließen kann [3].

Die Vergrößerung des Ordnungsgrades von PÄT-Proben spiegelt sich auch in den UR-Spektren wider, und zwar nehmen die relativen Intensitäten der trans-Konformationsbanden zu, die relativen Intensitäten der gauche-Konformationsbanden nehmen ab, und es treten neue Banden auf, die in den Spektren amorpher Proben nicht vorhanden sind [4 bis 8]. Die Intensitätsänderungen der Konformationsbanden sind eine Folge der Konformationsumwandlung der -OCH_2CH_2O-Gruppe in der Monomereinheit von PÄT. Während im amorphen PÄT vorwiegend die gauche-Konformation vorhanden ist, ist im kristallinen nur die energetisch günstigere trans-Konformation zu finden, die zur Bildung einer Kristallstruktur fähig ist [9].

Die Banden, deren relative Intensitäten beim Tempern von Polymeren zunehmen, und die Banden, die nur in den Spektren kristalliner Proben auftreten, werden in der Literatur „kristalline" Banden genannt. Da diese Banden nicht nur mit dem Kristallinitätszustand zusammenhängen, ist es besser, sie als Ordnungsbanden zu bezeichnen. Die beim Tempern amorpher PÄT-Proben zu beobachtenden Extinktionszunahmen der Ordnungsbanden stehen mit der Vergrößerung des Ordnungsgrades von PÄT in einem engen Zusammenhang, wie durch röntgenographische Untersuchungen und Dichtemessungen gezeigt wurde. In der vorliegenden Arbeit wurden deshalb die Extinktionen der Ordnungsbanden 1343 cm^{-1}, 973 cm^{-1}, 845 cm^{-1} und 875 cm^{-1}, bezogen auf die strukturunabhängige Bande 1410 cm^{-1}, in Abhängigkeit von der Tempertemperatur ermittelt und untersucht, wie sich die in den Spektren amorpher PÄT-Proben fehlenden Banden 1473 cm^{-1}, 1387 cm^{-1}, 1110 cm^{-1}, 1023 cm^{-1} und 988 cm^{-1} beim Tempern verhalten.

2. *Experimentelle Untersuchungen*

Für die experimentellen Untersuchungen wurden dünne Filme aus einer 2,5%igen Lösung in 50% Phenol und 50% Tetrachloräthan hergestellt [2)]. Das Lösungsmittelgemisch wurde bei etwa 120 °C verdampft [10]. Als Unterlagen dienten Kaliumbromid-Tabletten. Das hatte den Vorteil, daß die Filme nicht von der Unterlage abgelöst werden mußten und die Filme auf den Kaliumbromid-Tabletten in den Strahlengang des Spektrometers gebracht werden konnten. Die Spektren wurden mit einem Ultrarotspektrometer UR-10 aufgenommen.

Amorphe PÄT-Proben wurden hergestellt, indem aus der Phenol/Tetrachloräthan-Lösung erhaltene PÄT-Filme bei +270 °C im Vakuum aufgeschmolzen und anschließend bei etwa −155 °C in Isopentan, flüssigem Stickstoff oder bei etwa −80 °C in Methanol abgeschreckt wurden. Die auf einer Kaliumbromid-Tablette befindlichen PÄT-Proben wurden vor jedem Schmelzen 2 h im Vakuum getrocknet und in einem zu diesem Zweck konstruierten Vakuumofen geschmolzen. Der mit einer Vakuumpumpe auf $5 \cdot 10^{-3}$ Torr ausgepumpte Ofen wurde so konstruiert, daß der Deckel des Ofens fest mit dem Probenzylinder verbunden war. Somit konnte die im Probenzylinder befindliche Probe gleichzeitig mit dem Deckel aus dem Ofen genommen werden, ohne daß sie sich vorher abkühlte, und es gelang, die PÄT-Schmelze bei einer definiert vorgegebenen Temperatur abzuschrecken.

1) Teilauszug aus der Dissertation *R. Danz*, Merseburg 1970.

2) Die Lösungen wurden uns freundlicherweise von Herrn Dr. *H. Zimmermann*, Leiter der Analytischen Abteilung des Instituts für Faserstoff-Forschung in Teltow-Seehof zur Verfügung gestellt.

Zunächst mußten Versuche zur Umordnungsgeschwindigkeit ausgeführt werden, um Gewißheit über die zum Erreichen des Gleichgewichtszustandes erforderliche Zeit zu erhalten. In dem oben beschriebenen Vakuumofen wurde eine amorphe PÄT-Probe schrittweise bei den Temperaturen 76, 91, 112, 133, 148, 169, 192, 213 und 238 °C getempert. Bei konstanter Temperatur wurde die Probe jeweils nach einer Temperung von 20, 40, 60 min und gegebenenfalls längerer Zeit in flüssigem Stickstoff abgeschreckt und das Spektrum bei Zimmertemperatur registriert. Der Gleichgewichtszustand ist erreicht, wenn sich die Extinktionen der Ordnungsbanden innerhalb des zu erwartenden Fehlers nicht mehr ändern.

Um die Extinktionen der Ordnungsbanden von PÄT in Abhängigkeit von der Temperatur T_k zu ermitteln, wurden amorphe PÄT-Proben schrittweise in Abständen von 4 bis 12 grd im Temperaturbereich zwischen 60 und 240 °C jeweils bis zum Erreichen des Gleichgewichtszustandes getempert. Der nach der Temperung erreichte Ordnungszustand wurde eingefroren und das Spektrum registriert. Aus den Gleichgewichtsspektren wurden die Extinktionen der Ordnungsbanden in Abhängigkeit von der Temperatur bestimmt.

3. *Meßergebnisse und Diskussion*

3.1. *Abschreckversuche und Untersuchungen zur Umordnungsgeschwindigkeit*

Zu den Abschreckversuchen ist zu bemerken, daß der Zustand der Schmelze nicht exakt eingefroren werden kann, weil der Abschreckvorgang eine endliche Zeit benötigt. Wenn man in flüssigem Stickstoff abschreckt, wird der Abschreckvorgang infolge des *Leidenfrost*schen Phänomens verzögert. Die „besten" amorphen Proben wurden beim Abschrecken in Methanol erhalten. Dabei zeigte sich kein Unterschied, ob das Methanol eine Temperatur von −80 oder +20 °C hatte. Als Maß für den amorphen Charakter wurde das Extinktionsverhältnis β_0 der Bande 1343 cm^{-1} (CH_2-Wagging-schwingung der trans-Konformation) zur strukturunabhängigen Bande 1410 cm^{-1}

$$\beta_0 = \frac{E_{1343}}{E_{1410}}$$

genommen. Je kleiner β_0 ist, desto weniger Kettensegmente liegen in gereckter trans-Konformation vor und desto niedriger ist der Ordnungsgrad. Wenn Methanol als Abschreckflüssigkeit benutzt wurde, erhielt man $\beta_0 = 0{,}15$ und bei flüssigem Stickstoff und Isopentan $\beta_0 = 0{,}20$.

Die Einstellung des Gleichgewichtes wurde u. a. an der Ordnungsbande 1343 cm^{-1} untersucht. Die relativen Extinktionen wurden mit dem Grundlinienverfahren berechnet. In den Bildern 1 bis 3 sind die Extinktionsverhältnisse

$$\frac{E_{1343}}{E_{1410}}$$

in Abhängigkeit von der Temperzeit dargestellt. Aus dem Verlauf der Kurven sind folgende Schlüsse zu ziehen:

Bei den Tempertemperaturen 76 bis 190 °C genügt es, 1 h bis zum Erreichen des Endwertes zu tempern. Von 190 bis 220 °C sind 2 h und von 220 bis 240 °C 3 h notwendig. Eigentlich sollte man erwarten, daß der Endwert auf Grund der größeren Kettenbeweglichkeit bei höheren Temperaturen schneller erreicht wird. Es handelt sich hier jedoch nicht um die Einstellung eines echten thermodynamischen Gleichgewichtes, denn diesem würde gerade bei tiefen Temperaturen der höchste Ordnungs-

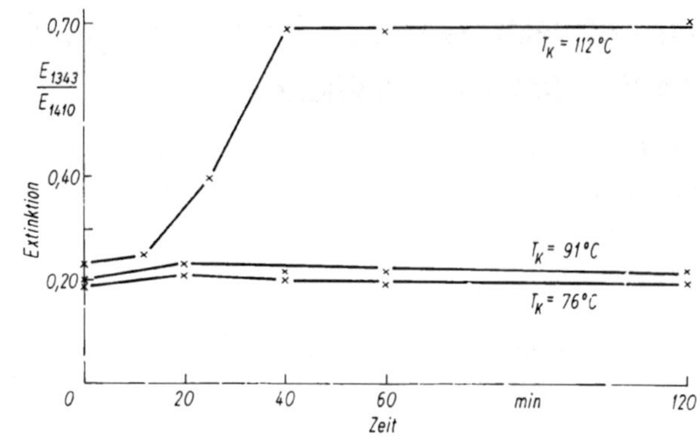

Bild 1

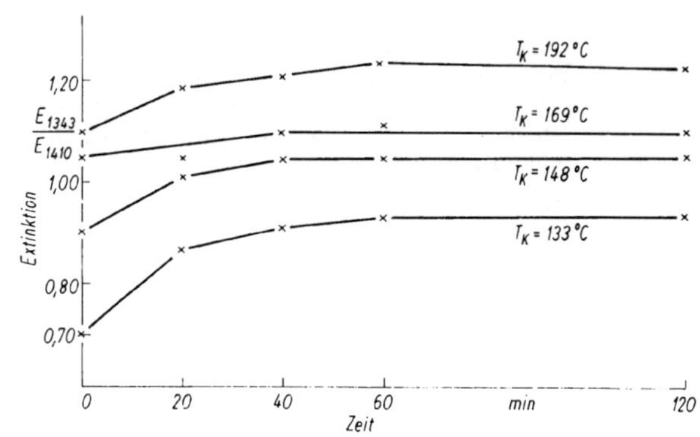

Bild 2

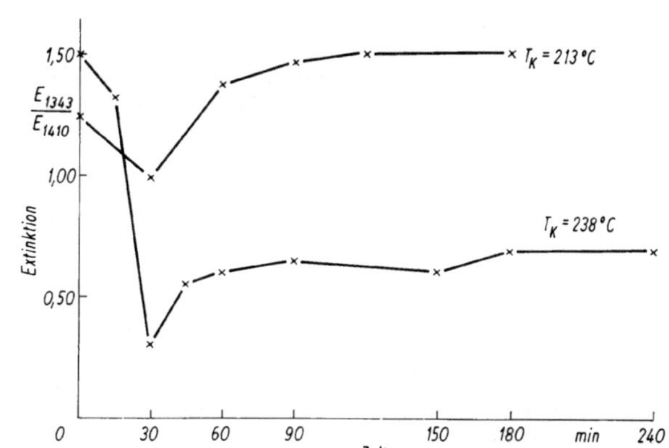

Bild 3

Bild 1 bis 3. Extinktionsverhältnisse E_{1343}/E_{1410} in Abhängigkeit von der Temperzeit. Die Temperung erfolgte bei den in den Kurven angegebenen Temperaturen.

zustand entsprechen. Die Messungen beschreiben vielmehr die Umordnung in den Bereichen, die bei den jeweiligen Temperaturen beweglich werden. Bei tiefen Temperaturen sind das nur kurze Abschnitte der Moleküle, während bei höheren Temperaturen Umordnungsvorgänge im ganzen Polymeren erfolgen, die längere Zeit erfordern und einem echten Gleichgewicht nahekommen.

Bemerkenswert sind die Kurvenverläufe bei den Temperaturen $T_k = 213$ °C und $T_k = 238$ °C. Der Anfangswert des Extinktionsverhältnisses β beträgt bei $T_k = 213$ °C (Bild 3)

$$\beta = \frac{E_{1343}}{E_{1410}} = 1{,}20\,.$$

Dies ist der durch die vorausgegangene Temperung bei 192 °C erreichte Endwert. Wenn die Probe 30 min bei 213 °C getempert wird, fällt β auf 1,00 ab, um dann nach 2 h auf 1,40 anzusteigen. Bei $T_k = 238\,°C$ beobachtet man eine sehr starke Abnahme von β, die nach 30 min am größten ist. Nach weiterem Tempern steigt β wieder an, aber im Gegensatz zu den Beobachtungen bei $T_k = 213\,°C$ wird der Anfangswert von β nicht erreicht. Das gleiche Phänomen wurde auch bei den anderen ausgewerteten Ordnungsbanden beobachtet.

Die Tatsache, daß sich die relativen Extinktionen der Ordnungsbanden während des Temperns über 210 °C zunächst stark verringern und dann erst wieder zunehmen, führt zu der Schlußfolgerung, daß während des Temperns über 210 °C strukturelle Umordnungen stattfinden. Bei $T_k = 213\,°C$ verringert sich zunächst der Ordnungsgrad, und nach 2 h Temperung wird der anfängliche Ordnungsgrad wieder erreicht und übertroffen. Wenn die Tempertemperatur höher ist (238 °C), ist zunächst eine größere Verringerung des Ordnungsgrades zu beobachten, der sich nach längerem Tempern wieder erhöht, aber immer niedriger als der Ausgangswert bleibt. Damit kann auf ein partielles Schmelzen des Polymeren geschlossen werden. Bei den hohen Temperaturen ist die Bewegung der Moleküle zu stark, um wieder den ursprünglich vorhandenen Ordnungsgrad zu erreichen.

Diese Beobachtungen stimmen mit den Dichteuntersuchungen von *Zachmann* [11] überein, der eine PÄT-Probe 6 h bei 240 °C temperte und abkühlen ließ. Die Dichte dieser hochgeordneten Probe nahm beim Tempern über 240 °C nach etwa 30 min sehr stark ab. Nach Temperung von einigen Stunden beobachtete man wieder eine Zunahme der Dichte. Der ursprünglich höhere Anfangswert wurde ebenfalls nicht wieder erreicht.

3.2. Gleichgewichtszustand in Abhängigkeit von der Temperatur

In den Bildern 4 bis 7 sind die Endwerte der Extinktionsverhältnisse

$$\frac{E_{1343}}{E_{1410}},\ \frac{E_{973}}{E_{1410}},\ \frac{E_{875}}{E_{1410}}\ \text{und}\ \frac{E_{845}}{E_{1410}}$$

in Abhängigkeit von der Tempertemperatur T_k aufgetragen. Unterhalb 90 °C ist innerhalb einer Temperzeit von 2 h keine Extinktionszunahme zu beobachten. Temperung bei 90 bis 100 °C bewirkt nur eine geringe Vergrößerung der Extinktion. Im Temperaturintervall von 100 bis 130 °C erkennt man dagegen eine starke Extinktionszunahme. Eine weitere Erhöhung der Tempertemperatur über 130 °C hat eine stetige Extinktionszunahme zur Folge, die beim Tempern über 180 °C nochmals relativ stark wird. Bemerkenswert ist, daß beim Tempern bei 240 °C der zuvor bei etwas niedrigeren Tempertemperaturen erreichte große Wert der Extink-

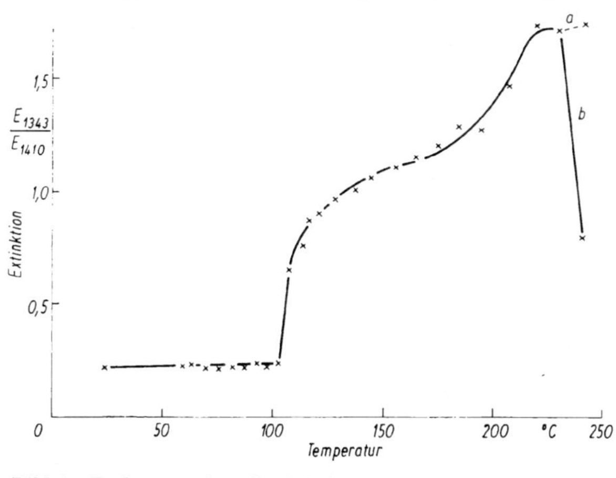

Bild 4. Endwerte des Extinktionsverhältnisses $E_{1343}/E_{141}{}^{0}$ in Abhängigkeit von der Tempertemperatur T_k. Die gestrichelte Kurve *a* bedeutet, daß die Probe nicht abgeschreckt, sonder n langsam abgekühlt wurde.

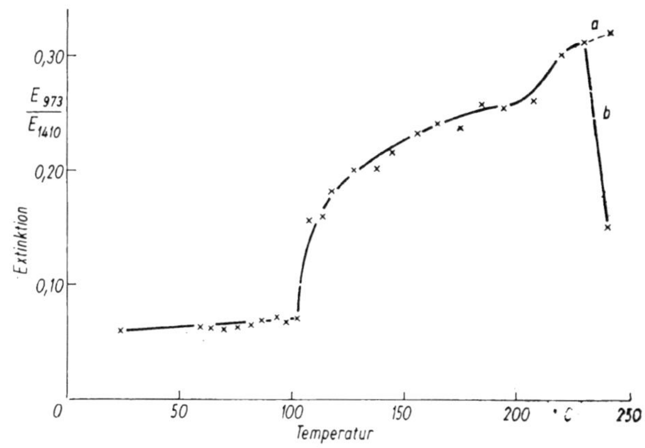

Bild 5. Endwerte des Extinktionsverhältnisses E_{973}/E_{1410} in Abhängigkeit von der Tempertemperatur T_k

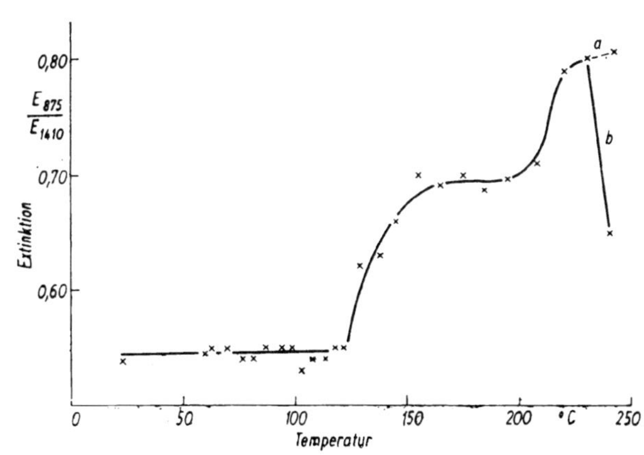

Bild 6. Endwerte des Extinktionsverhältnisses $E_{875}/E_{141}{}^{0}$ in Abhängigkeit von der Temperatur T_k

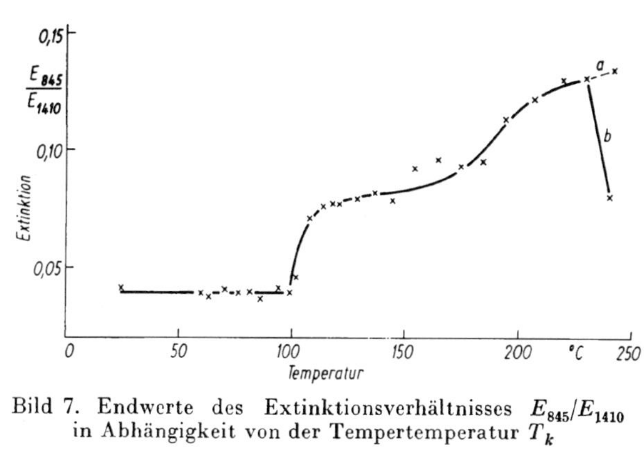

Bild 7. Endwerte des Extinktionsverhältnisses E_{845}/E_{1410} in Abhängigkeit von der Tempertemperatur T_k

tionen wieder abnimmt. Diese Beobachtung, die auch bei den Versuchen zur Umordnungsgeschwindigkeit wahrgenommen wurde, kann durch das partielle Schmelzen der Probe erklärt werden. Die in den gestrichelten Kurven dargestellten großen Extinktionswerte wurden erhalten, als die Probe nach dem Tempern langsam abgekühlt wurde. Während des Abkühlens wurde die Probe bei niedrigeren Temperaturen getempert, weshalb die großen Extinktionswerte erreicht wurden. Die Kurvenverläufe der Extinktionsverhältnisse sind denen sehr ähnlich, die man erhält, wenn man die Absolutwerte des trans-Konformeren [12], einen röntgenographisch bestimmten Ordnungsgrad und die Endwerte der Dichte abgeschreckter, bei T_k getemperter PÄT-Proben in Abhängigkeit von der Tempertemperatur aufträgt, wie von *Kilian* und uns gefunden wurde [2, 3]. Die weitgehende Übereinstimmung dieser Kurvenverläufe erlaubt die Schlußfolgerung, daß die Extinktionszunahmen der trans-Konformationsbanden 1343 cm^{-1}, 973 cm^{-1}, 845 cm^{-1} und der Ordnungsbande 875 cm^{-1} sich als Maßzahl für den Ordnungsgrad des PÄT eignen, der mit dem röntgenographisch bestimmten Ordnungsgrad und der Dichte qualitativ vergleichbar ist.

Wenn eine amorphe PÄT-Probe im Temperaturintervall von 90 bis 240 °C getempert wird, äußert sich das nicht nur in einer Extinktionszunahme der Ordnungsbanden, sondern es erscheinen in den UR-Spektren die Banden 1473 cm^{-1}, 1387 cm^{-1}, 1110 cm^{-1}, 1023 cm^{-1} und 988 cm^{-1} [7].

In der vorliegenden Arbeit wurde untersucht, bei welcher Tempertemperatur T_k diese Banden auftreten und wie ihr Erscheinen mit den Extinktionszunahmen der Ordnungsbanden im Zusammenhang steht. Wie aus Tabelle 1 hervorgeht, treten die Banden 988 cm^{-1} und 1473 cm^{-1} bei den Tempertemperaturen 110 bzw. 120 °C auf, während die Banden 1023 cm^{-1}, 1110 cm^{-1} und 1387 cm^{-1} erst oberhalb 180 °C zu erkennen sind. Daraus folgt, daß die Banden 988 cm^{-1} und 1473 cm^{-1} nicht die gleiche Herkunft haben, wie die Banden 1023 cm^{-1}, 1110 cm^{-1} und 1387 cm^{-1}. Die Bande 1473 cm^{-1}, die von *Miyake* [8] der CH_2-Bendingschwingung der trans-Konformation zugeordnet wurde, verhält sich ähnlich wie die Bande 988 cm^{-1}, die nach *Koenig* und *Hannon* [13] von einer besonders in Kettenfaltungsbögen vorliegenden Konformation verursacht wird.

Miyake [7] führte die Banden 1387 cm^{-1}, 1110 cm^{-1} und 1023 cm^{-1} auf intermolekulare Schwingungswechselwirkungen zurück. Dieser Ansicht kann nicht zugestimmt werden, da es beim PÄT keine auf intermolekularen Schwingungswechselwirkungen beruhenden Banden geben kann, weil durch die Elementarzelle von PÄT nur eine Polymerkette hindurchgeht [9]. Nach den Definitionen von *Zerbi* [14] wird vorgeschlagen, die Banden 1387 cm^{-1}, 1110 cm^{-1} und 1023 cm^{-1} als Regularitätsbanden anzunehmen. Sie sind an reguläre Strukturbereiche gebunden. Die Regularitätsbanden treten bei den Temperaturen 180 bzw. 200 °C auf, bei denen eine erneute Extinktionszunahme der trans-Konformationsbanden zu beobachten ist. Die Extinktionszunahme der trans-Konformationsbanden und das Auftreten von Regularitätsbanden stehen im Einklang,

Tabelle 1. Ordnungsbanden von PÄT, die nur in den Spektren kristalliner Proben enthalten sind. Sie fehlen in den Spektren amorpher Proben und erscheinen bei der Tempertemperatur T_k.

Frequenz cm^{-1}	relative Intensitäten	T_k °C
988	vw	120
1023	vw	180
1110	vw	200
1387	w	180
1473	w	110

vw = sehr schwach — w = schwach — T_k = Tempertemperatur

weil eine Extinktionszunahme der trans-Konformationsbanden durch länger gereckte Kettenabschnitte hervorgerufen wird und damit eine Vergrößerung der regulären Strukturbereiche stattfindet.

Frau *M. Jüttner* danken wir für die Unterstützung bei der Ausführung der experimentellen Untersuchungen.

Literatur

[1] *Ruscher, Ch.:* Die Feinstruktur der Hochpolymeren. Faserforsch. u. Textiltechnik **15** (1964) S. 513—521.
[2] *Ruscher, Ch., Teichgräber, M.,* und *Seganov, I.:* Faserforsch. u. Textiltechnik in Vorbereitung.
[3] *Kilian, H. G., Halboth, H.,* und *Jenkel, E.:* Röntgenographische Untersuchungen über das Schmelz- und Kristallisationsverhalten von Polyterephthalsäureglykolester. Kolloid-Z. **172** (1960) S. 166—177.
[4] *Ward, I. M.:* Rotational isomerism in polyethylene terephthalate. Chem. and Ind., London **1** (1956) S. 905 bis 906.
[5] *Grime, D.,* und *Ward, I. M.:* The assigment of IR-absorption and rotational isomerism in PET and related compounds. Trans. Faraday Soc. **54** (1958) S. 959—971.
[6] *Farrow, G.,* und *Ward, I. M.:* Crystallinity of polyethylene terephthalate. A comparison of X-ray, infrared and density measurements. Polymer. London **1** (1960) S. 330—339.
[7] *Miyake, A.:* The infrared spectrum of polyethylene terephthalate. I. The effect of crystallization. J. Polymer Sci. **38** (1959) S. 479—493.
[8] *Miyake, A.:* The infrared spectrum of polyethylene terephthalate. II. Polyethylene — d_4 terephthalate. J. Polymer Sci. **38** (1959) S. 497—511.
[9] *Daubeny, R. P., Bunn, C. W.,* und *Brown, C. J.:* The crystal structure of polyethylene terephthalate. Proc. Roy. Soc. **A 226** (1954) S. 531—543.
[10] *Zachmann, H. G.,* und *Stuart, H. A.:* Über die Intensitätsabhängigkeit der Ultrarotbanden von der Temperatur und vom Kristallisationsgrad. Makromol. Chemie **44/46** (1961) S. 622—642.
[11] *Zachmann, H. G.,* und *Stuart, H. A.:* Schmelz- und Kristallisationserscheinungen bei makromolekularen Substanzen. V. Partielles Schmelzen und Neukristallisieren von Terylene. Makromol. Chemie **40/41** (1960) S. 148—173.
[12] *Schönherr, F.:* UR-spektroskopische Absolutbestimmung der Rotationsisomeren in PÄT. Z. Chemie **9** (1969) S. 424—425.
[13] *Koenig, J. L.,* und *Hannon, M. J.:* Infrared studies of chain folding in polymers. II. Polyethylene terephthalate. J. makromol. Sci., B: Physics **1** (1) (1967) S. 119 bis 145.
[14] *Zerbi, G., Ciampelli, F.,* und *Zamboni, V.:* Classification of crystallinity bands in the infrared spectra of polymers. J. Polymer Sci., C: Polymer Symposia (1963) **7**, S. 141—151.

Eingegangen am 31. März 1970.

Vergleichende Untersuchungen zur Fällungsfraktionierung von Cellulosecarbanilat und Cellulosenitrat

Karl-Joachim Linow und Burkart Philipp

Deutsche Akademie der Wissenschaften zu Berlin, Institut für Faserstoff-Forschung in Teltow-Seehof

DK 547.458.82:661.728.63:674.032.13:66.065.2:541.6

Ein heißveredelter Fichtensulfit-Zellstoff wurde sowohl als Nitrat als auch als Carbanilat fraktioniert. Die Unterschiede in den erhaltenen Verteilungskurven werden diskutiert. Gleichzeitig werden methodische Hinweise zur Durchführung einer Kettenlängenfraktionierung des Carbanilats gegeben.

Сравнительные исследования процесса фракционирования целлюлозы в виде карбанилата и нитрата путем дробного осаждения

Проведено фракционирование сульфитной еловой целлюлозы с горячим облагораживанием в виде нитрата и карбанилата. Обсуждены различия в полученных кривых молекулярновесового распределения. Приведены методические указания для осуществления фракционирования карбанилата целлюлозы по молекулярному весу.

Comparative Investigations on the Fractional Precipitation of Cellulose Carbanilate and Nitrate

Cellulose carbanilate and nitrate samples obtained from highly refined spruce sulfite pulp were subjected to fractionation. The differences of the distribution curves obtained are discussed. The peculiarities of a technique for fractionating the carbanilate according to the chain length are outlined.

1. *Einführung*

Im Gegensatz zu zahlreichen anderen Polymeren erfordert eine Kettenlängenfraktionierung bei Cellulose deren vorherige Umsetzung zu einem löslichen Derivat, wobei für die in der Praxis üblichen Verfahren zumeist das bequem zugängliche und in zahlreichen organischen Flüssigkeiten lösliche Trinitrat herangezogen wird (vgl. [1]). Bei der Durchführung und Auswertung solcher „Nitratfraktionierungen" wurde bisher im allgemeinen eine abbaufreie „polymeranaloge" Umsetzung zum Trinitrat vorausgesetzt, die wir jedoch auf Grund unserer durch Viskositäts- und Sedimentationsmessungen erhaltenen Ergebnisse [2, 3, 4] in Übereinstimmung mit einigen älteren Angaben anderer Autoren [5, 6] in Frage stellen müssen. Da wir andererseits bei unseren Arbeiten festgestellt hatten, daß bei der Bildung eines Cellulose-Tricarbanilats kein oder allenfalls ein recht geringer Kettenabbau eintritt, erschien uns eine Gegenüberstellung der Kettenlängen-Fällungsfraktionierung von Cellulosenitrat und -carbanilat sinnvoll. Gleichzeitig sollte geprüft werden, ob auf Basis des Carbanilats eine routinemäßig anwendbare Arbeitsvorschrift zur Fraktionierung entwickelt werden kann, da uns zur Fraktioniermethodik bei diesem Derivat bisher nur einige Bemerkungen von *Husemann* und *Werner* [7] bekannt wurden.

2. *Versuchsmethodik*

Ausgangsmaterial unserer Untersuchungen war in erster Linie ein heißveredelter hochmolekularer Fichtensulfit-Textilzellstoff (α-Gehalt = 95,5%, Cuoxam-Viskosität nach TGL 8–2004 = 500 mP). Herstellung und Fraktionierung der Trinitrate erfolgte nach der von uns bereits veröffentlichten Methodik [8]. Zur Gewinnung eines Carbanilats mit einem Substitutionsgrad von etwa 2,8 wurde der zu Watte zerfaserte Zellstoff mit Phenylisocyanat bei 60°C während ~200 h umgesetzt, wie von uns in [4] beschrieben. Zur Fraktionierung des Carbanilats griffen wir auf die Angaben von *Husemann* und *Werner* [7] und auf unsere Arbeitsvorschrift zur Nitratfraktionierung [8] zurück. Gegenüber der Nitratfraktionierung wurde die Einsatzmenge an unfraktionierter Substanz von 0,3 auf 0,5 g erhöht, um der bei gleicher rel. Molekülmasse nur etwa halb so großen Grenzviskosität des Carbanilats Rechnung zu tragen. Gelöst wurde während ca. 20 h bei Raumtemperatur in einem Aceton/Wasser-Gemisch 95:5 (frisch destilliertes Aceton) zu einer 0,5%igen Lösung. Die Fällung erfolgte durch tropfenweise Zugabe geeigneter Aceton/Wasser-Gemische nach vorheriger Filtration der Lösung durch eine G 2-Fritte. Bei Celluloseproben höherer rel. Molekülmasse (Zellstoff) wurde zur Fällung der ersten Fraktionen ein Aceton/Wasser-Gemisch 3:1, ab der 4. bis 6. Fraktion für alle weiteren Fällungen ein Gemisch 1:1 benutzt. Zur Fraktionierung von Cellulosen niederer rel. Molekülmasse wird zur Fällung nur das Aceton/Wasser-Gemisch 1:1 verwendet. Die vorletzte Fraktion wurde mit reinem Wasser gefällt, die letzte durch Zugabe gesättigter Natriumchlorid-Lösung ausgesalzen. Beim Zusetzen des Fällungsmittels muß die Lösung, insbesondere beim Fällen der ersten Fraktion, kräftig geschüttelt werden, um Klumpenbildungen zu vermeiden. Die Fällmittelzugabe wurde nach Auftreten der ersten bleibenden Trübung abgebrochen. Zur Annäherung an ein Gleichgewicht wurde bei den Spitzenfraktionen noch 1 h bei Raumtemperatur stehen gelassen und dann die Fällung durch 15 min langes Zentrifugieren bei 3000 U/min abgeschleudert. Die Trocknung der bei einer Serie erhaltenen 10 bis 14 Fraktionen erfolgte bei 50°C im Trockenschrank über Nacht; die Fraktionierausbeute lag bei 94 bis 97%. Übereinstimmend mit *Husemann* und *Werner* fanden wir, daß die Fraktionierung des Carbanilats vor allem bei den ersten Fraktionen schwieriger durchzuführen ist als beim Nitrat. Im Bereich dieser Spitzenfraktionen blieb nach dem Zentrifugieren die Lösung getrübt, und es trat eine gegenüber Nitrat erheblich größere Nachfällung ein. *Husemann* und *Werner* vermuten als Ursache der Trübung unvollständig substituierte Anteile des Cellulosematerials. Die von uns durchgeführte Kontrolle der N-Gehalte aller Fraktionen einer präparativen Fraktionierreihe ergab jedoch keine signifikanten Unterschiede (Streubereich bei Einfachbestimmung ±0,2% N) zwischen den einzelnen Fraktionen und sprach damit gegen eine Anreicherung niedrig substituierter Anteile in den ersten Fraktionen (Tabelle 1).

Nach dem Abschleudern der ersten Fraktionen setzten wir zunächst kein weiteres Fällmittel zu, sondern zentrifugierten die trüben Lösungen nach 1 h Standzeit nochmals und erhielten so eine weitere Fraktion und dann bereits nach etwa der vierten Fraktion eine klare Lösung zur Weiterfraktionierung. Offenbar stellt sich das Lösungs/Fällungs-Gleich-

Tabelle 1. N-Gehalt einer Serie von Cellulosecarbanilat-Fraktionen

Fraktion Nr.	Masseanteil der Fraktion %	*N*-Gehalt %
1	1,5	7,88
2	3,2	7,84
3	12,6	7,90
4	27,1	7,97
5	26,1	7,82
6	8,5	7,71
7	7,7	7,69
8	6,1	7,56
9	3,7	7,64
10	2,1	8,00
11	1,2	8,04
12	0,2	7,78

gewicht bei Cellulosecarbanilat hohen Polymerisationsgrades bedeutend langsamer ein als bei Cellulosenitrat, wobei die Frage nach dem Einfluß eventuell vorhandener Gelanteile offenbleiben muß (vgl. [5, 9, 10]). Die bei der analytischen Fraktionierung des Carbanilats erhaltenen Fraktionen mit Massen zwischen 30 und 70 mg lieferten im allgemeinen ausreichende Mengen Lösung (Lösungsmittel: Aceton) einer Konzentration von ca. 1 g/l, um in den üblicherweise verwendeten *Ubbelohde*-Viskosimetern (Kapillare Oa) messen zu können. In einigen Versuchsreihen wurden bewußt sehr kleine Spitzenfraktionen (ca. 5 bis 10 mg) gewonnen und diese dann in dem nur etwa 1/10 der üblichen Lösungsmenge erfordernden Viskosimeter nach *Seide/Deckert* [11] gemessen. Das für beide Viskosimeter unterschiedliche Geschwindigkeitsgefälle (D Lösungsmittel für *Ubbelohde* Oa 4100 s^{-1}, für *Seide/Deckert* 1930 s^{-1}) wurde durch Umrechnung der im *Seide/Deckert*-Viskosimeter erhaltenen Grenzviskositäten auf den Geschwindigkeitsgradienten des *Ubbelohde*-Viskosimeters nach

$$[\eta]_{D=4100} = [\eta]_{D=1930}\left(\frac{1+1930\,B}{1+4100\,B}\right)$$

berücksichtigt, wobei B ein nur von der Grenzviskosität abhängiger Zahlenwert ist, den wir einem von uns bereits veröffentlichten Diagramm [12] entnahmen. Bei der Herstellung der Lösungen zur Viskositäts- und in einigen Fällen auch zur Sedimentationsmessung (vgl. [4]) an den Fraktionen variierten wir die Lösezeit, indem nach 6 h Schütteln bei Raumtemperatur einmal 12 h, zum anderen 5 Wochen stehengelassen wurde. Die Grenzviskositäten wurden aus Einpunktmessungen über die Viskositäts-Konzentrations-Beziehung nach *Schulz* und *Blaschke* [13] mit $k_{SB} = 0{,}30$ erhalten.

Die Berechnung der Polymerisationsgrade aus $[\eta]$ erfolgte nach der von uns durch Sedimentations-Viskositäts-Messung erhaltenen Beziehung (1) (vgl. [4])

$$[\eta]_{D=4100} = 1{,}23 \cdot P^{0{,}72} \qquad (1)$$

bzw.

$$[\eta]_{D=0} = 0{,}47 \cdot P^{0{,}86} \qquad (2)$$

mit Hilfe der in Bild 1 dargestellten Eichgeraden, wobei $[\eta]$ in cm^3/g angegeben wurde. Die nach Gleichung (2) erhaltenen Polymerisationsgrade liegen beträchtlich höher als die nach den Beziehungen von *Shanbhag* [14] und von *Burchard* [15] berechneten Werte, die beide aus Streulichtmessungen abgeleitet wurden:

$$[\eta]_{D=0} = 0{,}41\ P^{0{,}9} \quad \text{nach } \textit{Shanbhag}, \qquad (3)$$

$$[\eta]_{D=0} = 0{,}86\ P^{0{,}84} \quad \text{nach } \textit{Burchard}. \qquad (4)$$

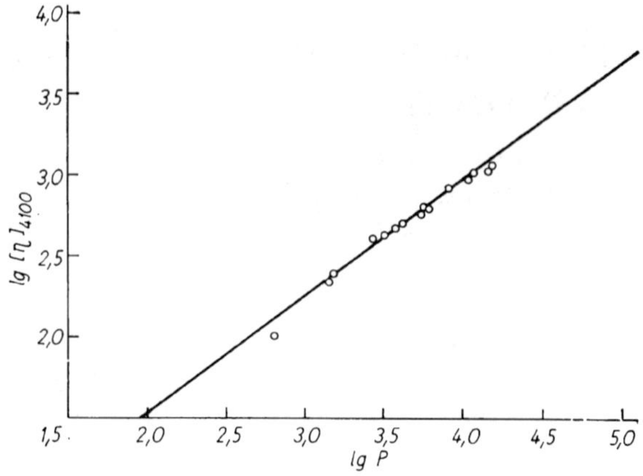

Bild 1. Viskositätseichkurve für Cellulosecarbanilat in Aceton (Eichung durch Ultrazentrifugenmessungen)

Ursache der Unterschiede zwischen den Beziehungen (2), (3) und (4) könnten einmal unterschiedliche Substitutionsgrade, zum anderen ein starker Einfluß eines kleinen, nichtmolekulardispers gelösten Anteils sein, der — wie noch gezeigt wird — bei hochmolekularen Cellulosecarbanilaten durchaus auftreten kann und der natürlich bei einer Streulichtmessung besonders stark ins Gewicht fällt. Zum Einfluß des Substitutionsgrades auf die Grenzviskosität des Cellulosecarbanilats sind uns bisher keine publizierten Ergebnisse bekannt. Nimmt man in erster Näherung einen gleichsinnigen und gleichgroßen Einfluß wie beim Cellulosenitrat (vgl. [16]) an und rechnet entsprechend um, so verringern sich die Unterschiede zwischen den Eichbeziehungen (2) und (3) auf etwa 10% bei Polymerisationsgraden um 1000 bzw. ca. 20% bei 10000. Da das hier verwendete Carbanilat sowohl unfraktioniert als auch in Form seiner Fraktionen ebenso wie unsere seinerzeitigen Eichsubstanzen [4] einen Substitutionsgrad von ca. 2,8 aufwies (gegenüber 2,95 bei den Proben von *Shanbhag*) und andererseits eventuell vorhandene Molekülaggregate eine Sedimentationsmessung viel weniger beeinflussen als eine Streulichtmessung, erschien uns Gleichung (1) zur Auswertung unserer Messungen am geeignetsten.

3. *Versuchsergebnisse und ihre Auswertung*

Bild 2 zeigt das Resultat von drei Cellulosecarbanilat-Fraktionierungen, wobei die Fraktionen vor der Messung nur 12 h nachgelöst wurden. Bild 3 gibt das Ergebnis einer Doppelfraktionierung des entsprechenden Cellulosetrinitrats wieder. Offensichtlich ist die Reproduzier-

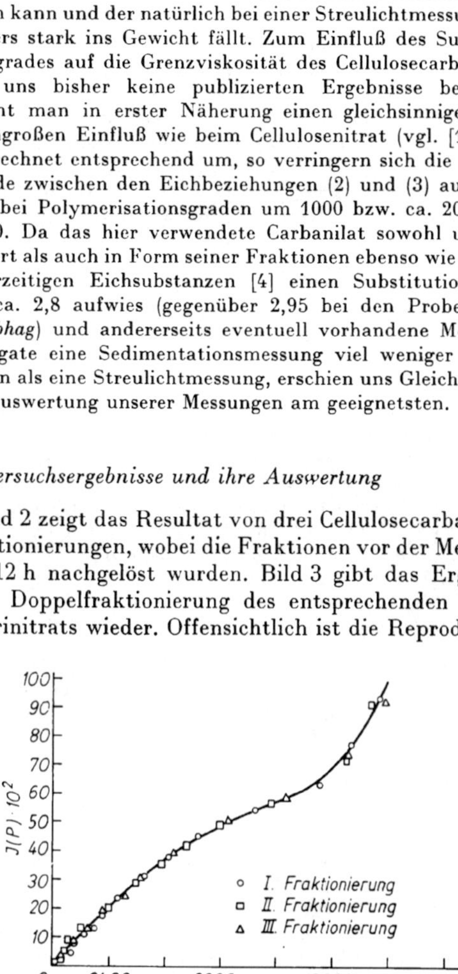

Bild 2. Verteilungskurve des Cellulosecarbanilats

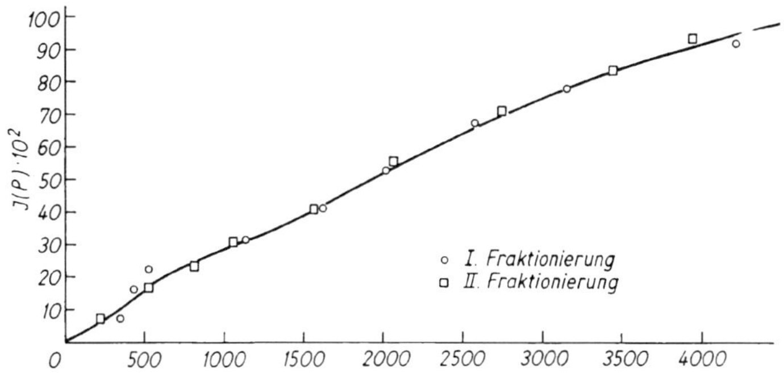

Bild 3. Verteilungskurve des Cellulosenitrats

barkeit einer Carbanilatfraktionierung keinesfalls schlechter als die einer Nitratfraktionierung, und bis zu Fraktions-DP-Werten von etwa 10000 wird eine einwandfreie Trennung erzielt. Wie nach unseren früheren Untersuchungen zu erwarten, liegt der maximal erreichte Fraktions-DP beim Carbanilat mit ca. 12000 wesentlich höher als beim Nitrat mit ca. 4000. Das bei der Nitratfraktionierung von Holzzellstoffen oft beobachtete und meist den Hemicellulosen und Kurzkettenanteilen des Zellstoffs zugeschriebene Maximum der differentiellen Verteilungskurve bei DP $\sim$ 500 tritt bei der Fraktionierung eines Carbanilats nicht auf. Wenn auch die Frage nach der Ursache dieses Maximums, in der Verteilungskurve des Nitrats noch nicht als endgültig geklärt anzusehen ist, so halten wir es doch für möglich, daß es sich hier nicht um kurzkettige Anteile der Ausgangspräparate, sondern vielmehr um eine Anreicherung von erst bei der Nitratbildung entstandenen Kettenbruchstücken handelt.

Der steile Anstieg der integralen Massenverteilungskurve des Carbanilats in dem engen DP-Intervall zwischen 10000 und 12000, also im Bereich der Fraktionen mit der größten relativen Molekülmasse (vgl. Bild 2), legte die Vermutung nahe, daß hier kein echtes Maximum der differentiellen Verteilungskurve, sondern eine unvollständige Lösung und/oder Trennung der Makromoleküle vorliegt. Entsprechende Versuche zur Gewinnung sehr kleiner Spitzenfraktionen bestätigten dies, indem hier bei drei Fraktionen mit insgesamt $<5\%$ der Gesamtmasse eine Umkehr der Fraktionierkurve beobachtet wurde. Die Ursache dieser Inversion bzw. des Steilanstiegs der Kurve in Bild 2 ist unserer Auffassung nach in einem geringen, nicht molekulardispers gelösten Anteil des Carbanilats zu suchen. Wie Bild 4 zeigt, ergeben sich für die fraglichen Fraktionen bei nur 12 h Nachlösezeit große Unterschiede zwischen den über Gleichung (1) aus Viskositätsmessungen allein und den nach unserem früher beschriebenen Verfahren [17] aus Sedimentations-Viskositätsmessungen ermittelten DP-Werten. Die Wiederholung dieser Messungen an den gleichen Lösungen nach fünfwöchigem Stehen brachte dagegen praktisch übereinstimmende Resultate nach beiden Methoden und führte zu der in Bild 4 als ausgezogene Kurve mit eingezeichneter Integralkurve. Im Bereich niedriger und mittlerer DP-Werte wurde schon nach 12 h Nachlösen gute Übereinstimmung gefunden. Die in den frisch hergestellten Lösungen der ersten Fraktion vorhandenen Molekülaggregate mit Gelcharakter hatten also offensichtlich einen gegenüber einer molekulardispersen Lösung wesentlich zu geringen Beitrag zur Viskositätszahl geleistet und so einen allerdings erstaunlich gut reproduzierbaren Steilanstieg der Integralkurve in Bild 2 vorgetäuscht. Die durch das Vorhandensein von Molekülaggregaten bedingte größere Polydispersität frisch hergestellter Lösungen der ersten Fraktionen zeigte sich übrigens auch im Verhalten der Grenzschicht zwischen Lösung und Lösungsmittel bei der Sedimentation, indem bei frisch hergestellten Lösungen die Gipfel der Brechungsindexgradientenkurven nach gleicher Laufzeit der Ultrazentrifuge nur etwa halb so hoch und dafür entsprechend breiter waren als bei Verwendung von Lösungen, die fünf Wochen „nachgelöst" wurden. Daß die tatsächliche Polymerisationsgradverteilung im hochmolekularen Bereich nicht durch die Kurve in Bild 2 (in Bild 4 gestrichelt), sondern durch die ausgezogene Kurve in Bild 4 wiedergegeben wird, zeigt auch die Berechnung eines DP der unfraktionierten Probe aus diesen Kurven nach

$$\mathrm{DP} = \left[\frac{\Sigma\,(m_i \cdot P_i)^\alpha}{\Sigma m_i}\right]^{1/\alpha},$$

wobei sich mit $\alpha = 0{,}72$ (Gleichung (1)) für die gestrichelte Kurve in Bild 4 ein Wert von 5750, für die ausgezogene dagegen 6750 ergibt, während an der unfraktionierten Probe ein DP von 6550 unmittelbar viskosimetrisch bestimmt wurde.

Der hier ausführlich diskutierte Einfluß der Lösezeit auf den Lösungszustand der Spitzenfraktionen wurde in so ausgeprägtem Maße nur bei dem von uns verwendeten hochmolekularen Fichtensulfitzellstoff gefunden, der sich bereits bei unseren Untersuchungen zur Nitratfraktionierung als besonders schwieriges Testobjekt erwiesen hatte. Ergänzende Untersuchungen mit einer Lintersprobe, wie auch mit nativer Baumwolle, einem Fichtensulfitzellstoff niederer Viskosität und einer Zellwolle führten auch für die ersten Fraktionen schon nach ca. 20 h Lösezeit zu einer befriedigenden Übereinstimmung zwischen $P_{[\eta]}$- und $P_{s,[\eta]}$-Werten.

4. *Zusammenfassende Diskussion und Schlußfolgerungen*

Eine sukzessive Fällungsfraktionierung zur Bestimmung der Kettenlängenverteilung läßt sich an Cellulosecarbanilat mit nur geringer Abwandlung nach einer von uns zur Nitratfraktionierung entwickelten Arbeitsvorschrift vornehmen. Arbeitsaufwand, Trennwirkung

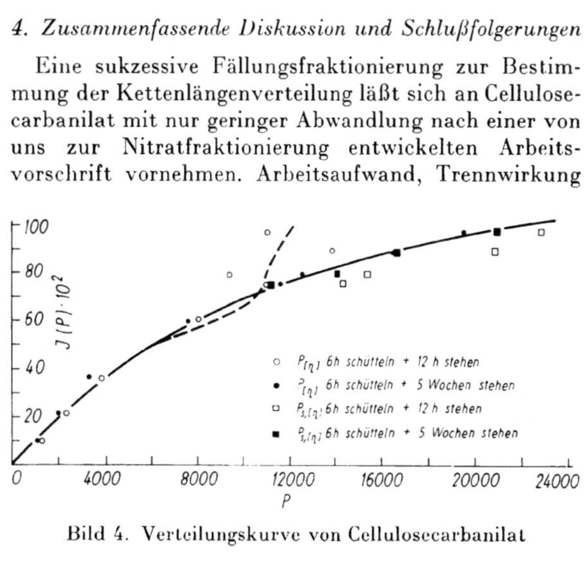

Bild 4. Verteilungskurve von Cellulosecarbanilat

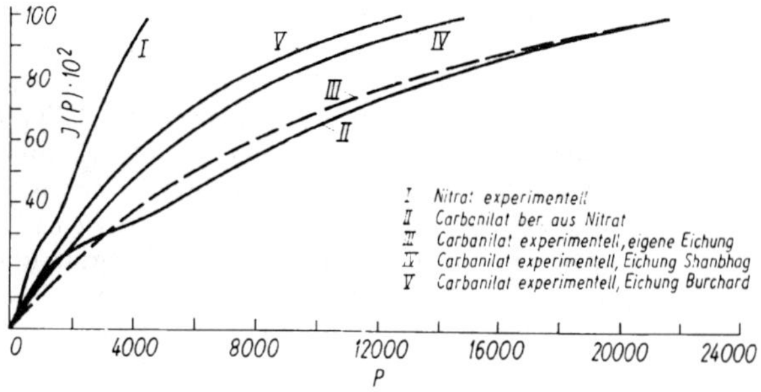

Bild 5. Verteilungskurven von Cellulosenitrat und -carbanilat

und Reproduzierbarkeit sind in beiden Fällen etwa gleich. Einer serienmäßigen Anwendung der Carbanilatfraktionierung stehen entgegen die im Vergleich zum Nitrat kompliziertere und kostspieligere Herstellung des Derivats, die erforderliche größere Sorgfalt bei der Abtrennung der Spitzenfraktionen und vor allem ein vom jeweiligen Ausgangspräparat abhängiger Einfluß der Lösezeit auf den Lösungszustand der ersten Fraktionen. Die hierdurch bei einzelnen Präparaten als Voraussetzung einer aussagekräftigen viskosimetrischen Messung erforderlichen, sehr langen Lösezeiten lassen sich nach unseren bisherigen Erfahrungen auch durch eine starke Scherbeanspruchung beim Lösen (Einsatz eines „Ultraturrax") nicht wesentlich verringern. Offenbar neigt Cellulosecarbanilat zumindest bei dem hier erreichten Substitutionsgrad von etwa 2,8 wesentlich stärker als das Nitrat zur Bildung nur äußerst langsam in Lösung gehender Gelanteile, für deren Auftreten ein hoher Polymerisationsgrad zwar eine notwendige, aber nicht die einzige Voraussetzung darstellt, sondern vielmehr auch die Struktur des Ausgangspräparates maßgebend ist. Auch beim Cellulosenitrat scheint in Übereinstimmung hiermit nach den Ergebnissen von *Schurz* und *Tritthart* [18] die Höhe des Gelanteils stark von der Herkunft des Ausgangspräparates abzuhängen. Obwohl aus den dargelegten Gründen eine „Carbanilatfraktionierung" auf absehbare Zeit sicher nicht eine „Nitratfraktionierung" in der Routineanalytik verdrängen wird, bietet erstere doch u. E. für spezielle Fragestellungen den Vorteil einer zuverlässigeren Wiedergabe der Kettenlängenverteilung des Ausgangspräparates und erscheint darin der Nitratmethode vor allem bei hochmolekularen Präparaten überlegen. Wie die in Bild 5 zusammengefaßten integralen Verteilungskurven des hier verwendeten Zellstoffes zeigen, ist die Fraktionierkurve des Carbanilats gegenüber der des Nitrats nicht nur zu höheren DP-Werten hin verschoben, und zwar bei Zugrundelegung sowohl unserer wie auch der von *Shanbhag* und von *Burchard* ermittelten Eichbeziehungen, sondern die Verteilungskurve ist auch in ihrer Form, vor allem im niedermolekularen Teil, verändert, so daß eine Umrechnung von Nitrat- auf Carbanilat-DP-Werte mit Hilfe des von uns ermittelten „Abbaufaktors" (vgl. [4]) wohl für den DP von Einzelproben, nicht aber für eine Fraktionierkurve vorgenommen werden kann.

Unseren Mitarbeitern Frau *E. Linow* und Fräulein *G. Räder* sowie den Mitgliedern einer wissenschaftlichen Arbeitsgemeinschaft der erweiterten Spezialoberschule Kleinmachnow, Fräulein *C. Gonnermann*, Fräulein *Ch. Herre* und Fräulein *A. Krüger*, danken wir für die sorgfältige Durchführung der Untersuchungen.

Literatur

[1] *Philipp, B.* und *Linow, K.-J.:* Zum Stand der Kettenlängenfraktionierung von Cellulose und Cellulosederivaten. Zellstoff u. Papier **17** (1968) S. 195—200.

[2] *Philipp, B.* und *Linow, K.-J.:* Untersuchungen zur Kettenlängendifferenz zwischen Nitrat- und Cuoxam-DP der Cellulose und ihrer Änderung im Viskoseprozeß. Papier **20** (1966) S. 649—657.

[3] *Linow, K.-J.:* Methodische Untersuchungen zur Bestimmung der relativen Molekülmasse von Hochpolymeren mit der Ultrazentrifuge und ihre Anwendung zur Klärung der sogenannten „Kettenlängendifferenz" der Cellulose. Dissertation Magdeburg 1970.

[4] *Philipp, B.:* und *Linow, K.-J.:* Zur Deutung der „Kettenlängendifferenz" zwischen Cuoxam- und Nitrat-DP der Cellulose auf Grund absoluter Molmassebestimmungen an einigen Cellulosederivaten. Faserforsch. u. Textiltechnik **21** (1970) 1, S. 13—20.

[5] *Wandel, M.:* Das Verhalten der Cellulose beim Auflösen in Cuoxam und bei der Nitrierung. Neuere Anschauungen über den Verteilungszustand gelöster Cellulosen und ihren strukturellen Aufbau. Dissertation TH Stuttgart 1957; Angew. Chemie **14** (1958) S. 448.

[6] *Agster, A.:* Die Messung des Polymerisationsgrades von Cellulosefasern und die Bedeutung der Kettenlängendifferenz. Dt. Textiltechnik **18** (1968) S. 363—371.

[7] *Husemann, E.*, und *Werner, R.:* Cellulosesynthese durch Acetobacter xylinum. 1. Über Molekulargewicht und Molekulargewichtsverteilung von Bakteriencellulose in Abhängigkeit von der Synthesedauer. Makromol. Chemie **59** (1963) S. 43—60.

[8] *Philipp, B.*, und *Linow, K.-J.:* Über eine Routinemethode zur Kettenlängenfraktionierung von Zellulosenitraten aus Holzzellstoffen, Alkalizellulosen und Regeneratfasern. Zellstoff u. Papier **14** (1965) S. 321 bis 326.

[9] *Dolmetsch, H.:* Über Zerfall, Erhaltung und Neubildung geordneter Strukturbereiche der Cellulose im Verlauf der Umfällung. Papier **13** (1959) S. 37—46.

[10] *Schurz, J.:* Untersuchungen an Lösungen von Cellulosenitrat in Butylacetat. Papier **15** (1961) S. 530 bis 538.

[11] *Langhammer, G.*, *Berger, R.*, und *Seide, H.:* Schnellviskosimeter und Hochtemperaturviskosimeter für die Molekulargewichts-Bestimmung an sehr geringen Probenmengen. Plaste u. Kautschuk **11** (1964) S. 472—475.

[12] *Linow, K.-J.*, *Wulf, K.* und *Philipp, B.:* Über die Extrapolation der Viskositätszahl von Hochpolymeren auf das Geschwindigkeitsgefälle Null. Faserforsch. u. Textiltechnik **20** (1969) 11, S. 521—528.

[13] *Schulz, G. V.*, und *Blaschke, F.:* Eine Gleichung zur Berechnung der Viskositätszahl für sehr kleine Konzentrationen. J. prakt. Chemie **158** (1941) S. 130—135; **159** (1941) S. 146—154.

[14] *Shanbhag, V. P.:* The macromolecular properties of cellulose tricarbanilate in dilute solutions. I. The viscosity molecular weight relationship and the configuration of cellulose tricarbanilate in the solvents acetone, cyclohexanone, and dioxane. Ark. Kemi **29** (1968) S. 1—22.

[15] *Burchard, W.*, und *Husemann, E.:* Eine vergleichende Strukturanalyse von Cellulose- und Amylosetricarbanilaten in Lösung. Makromol. Chemie **44** (1961) S. 358 bis 387.

[16] *Marx-Figini, M.:* Über den Einfluß des Substitutionsgrades auf die Viskositätszahl von Cellulosenitraten. Makromol. Chemie **52** (1962) S. 133—146.

[17] *Linow, K.-J.*, und *Philipp, B.:* Zur Bestimmung der relativen Molekülmasse von Hochpolymeren durch Messung von Sedimentationsgeschwindigkeit und Viskositätszahl. Faserforsch. u. Textiltechnik **19** (1968) 11, S. 509—513.

[18] *Schurz, J.*, und *Tritthart, H.:* Supermolecular gels in cellulose nitrate solutions. Polymer, London **7** (1966) S. 475—477.

Eingegangen am 27. Februar 1970

Kurze Mitteilungen[1]

Einige Notizen zur Auswertung von Filtrierbarkeitsmessungen an Viskose[1]

DK 661.728.84:677.463.021.435:677.463.021.319

In mehreren theoretischen Arbeiten [1], die sich mit dem Filtrationsverhalten von Viskose befassen sowie im Merkblatt III/6A/68 [2] wird darauf hingewiesen, daß man eigentlich den passenden Filtrationsmechanismus jeweils ermitteln möge und daß die Auswertung dann nach dieser „Gesetzmäßigkeit" erfolgen soll. Daß man in der Praxis im allgemeinen jedoch nur mit dem *Hermans/Bredee*schen Standardgesetz [3] arbeitet, hat mehrere Gründe. Zunächst sind durch die Quellung und Deformation des Filtermaterials durch Aufgabe der Viskose und des Filtrationsdruckes die Abweichungen von den theoretischen Gesetzmäßigkeiten zumindest zu Filtrationsbeginn so groß, daß eine eindeutige Zuordnung zu einem bestimmten Filtrationsmechanismus sehr schwierig oder überhaupt unmöglich ist. Auch durch das strukturviskose Verhalten der Viskose sind Abweichungen und damit Unsicherheiten in der Zuordnung gegeben [4]. Wie vor allem unsere Untersuchungen mit quellfesten und dimensionsstabilen Verbundstoffen aus geeigneten Synthesefasern ergeben haben, ist im allgemeinen, vornehmlich bei der Filtration normaler Rohviskose, das Standardgesetz hervorragend gut erfüllt, womit wir jedoch keineswegs den Schluß ableiten wollen, daß die Modellvorstellung, die die Standardgleichung ergibt, auch tatsächlich dem physikalischen Geschehen entspricht bzw. dieses beschreibt.

Weitere Hindernisse liegen auf der Auswerteseite. Die Auswertung der Verstopfungsfiltration und der Filtration nach dem Zwischengesetz erfordert eine graphische Differenzierung, und eine Auswertung nach mehreren Gesetzmäßigkeiten wird somit zeitraubend. Nun können wir im folgenden zeigen, daß durch einfache Abänderungen des Meßvorganges sich recht einfache Auswerteverfahren ergeben. Darüber hinaus können elektronische Datenverarbeitungsanlagen die mühsame Rechenarbeit abnehmen, so daß dieser Faktor nun und insbesondere in Zukunft keine größere Rolle mehr spielen dürfte. Es sei hier erwähnt, daß wir bereits seit über zehn Jahren alle Filterwertsbestimmungen, gemittelt nach der Ausgleichsrechnung aus sechs Meßwerten, mittels einer Datenverarbeitungsanlage auswerten[2]).

Durch die Anwendung neuer Filtrationsverfahren — z. B. Anschwemmverfahren mittels PVC-Granulat — rücken jedoch andere Filtrationsmechanismen auch für die Rohviskosefiltration nun durchaus in den Blickpunkt des Interesses [5].

Eine weitere große und entscheidende Schwierigkeit bei einem solchen Vorgehen, die noch unglöst ist, liegt in der Tatsache, daß die einzelnen Filtrationskonstanten k_1, k_2, k_3 und k_4 einander keineswegs entsprechen, und daß daher die Filtrationsergebnisse nach verschiedenen Filtrationsmechanismen *nicht* miteinander vergleichbar sind!

Da nach dem Zwischengesetz und Schlammfiltrationsgesetz (Kuchenfiltration) ein Grenzvolumen V_{max} bzw. eine Total-Filtratmenge M_{max} in endlichen Zeiten nicht erreicht wird, wird nun vorgeschlagen, jeweils jene Menge filtrierter Viskose M_H zu vergleichen, die vom Filtrationsbeginn bis zu jenem Zeitpunkt, zu dem die Filtrationsgeschwindigkeit S auf den halben Ausgangswert ($= S_0/2$) abgesunken ist, durch das Filter geflossen ist (Filterhalbwert). Gemäß den einzelnen Filtrationsgleichungen ergeben sich folgende Zusammenhänge:

Verstopfungsgesetz

$$M_{H1} = M_{max}\,(1 - e^{-\ln 2}) = \frac{M_{max}}{2} = \frac{S_0}{2k_1},$$

Standardgesetz

$$M_{H2} = \frac{2-\sqrt{2}}{k_2} = \frac{0{,}5858}{k_2} = 0{,}2929 \cdot F_w,$$

Zwischengesetz

$$M_{H3} = \frac{\ln 2}{k_3} = \frac{0{,}6931}{k_3},$$

Schlamm(Kuchen-)Gesetz

$$M_{H4} = \frac{1}{k_4 \cdot S_0}.$$

Bild 1 zeigt an Modellkurven den Fall, daß für alle vier Mechanismen S_0 und M_H identisch sind (vgl. auch zugehörige Tabelle 1). Die einzelnen Filtrationskonstanten sind jedoch, worauf schon einleitend hingewiesen, völlig verschieden.

Daß durch das vorgeschlagene Auswerteverfahren eine bessere Vergleichsmöglichkeit geschaffen wird, wird an zwei Beispielen praktisch illustriert. Es handelt sich hier um Laborviskosen, die nicht genau dem Standardgesetz folgten und die nun nach allen vier „Gesetzmäßigkeiten" ausgewertet

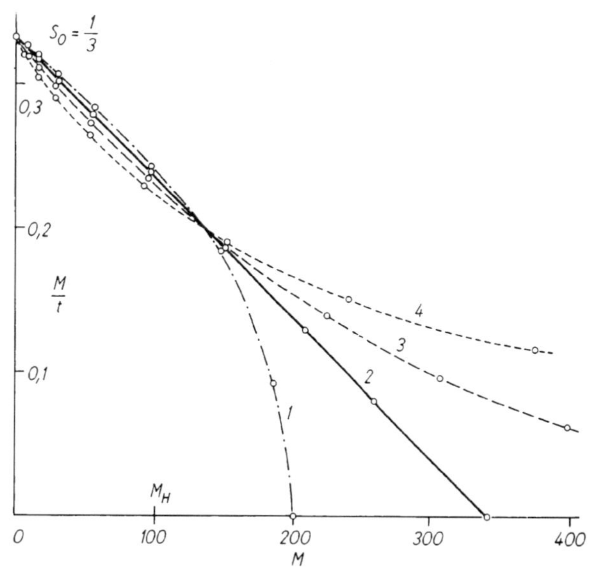

Bild 1. Theoretischer Filtrationsverlauf von Viskosen, die den einzelnen Filtrationsgleichungen gehorchen und bei denen S_0 und M_H identisch sind (1 = Verlauf nach dem Verstopfungsgesetz, 2 = Verlauf nach dem Standardgesetz, 3 = Verlauf nach dem Zwischengesetz, 4 = Verlauf nach dem Schlamm- oder Kuchengesetz).

[1]) Die Veröffentlichung der „Kurzen Mitteilungen" erfolgt unter alleiniger Verantwortung der Verfasser.

[2]) Kürzlich wurde unser Auswerteverfahren auch für eine *Olivetti-Programma 101* programmiert, und die entsprechenden Magnetkarten (*Program card P 202*) können vom schwedischen Holzforschungsinstitut (Box 5604, S-11486 Stockholm) bezogen werden. Auch eine ausführliche Tabelle über die Faktoren $\varkappa$ (vgl. Tabelle 3) steht zur Verfügung.

Tabelle 1. Vergleich der Filtrationskonstanten nach verschiedenen Filtrationsmechanismen für gleiches S_0 und M_H

$S_0 = 1/3 \quad M_H = 100$	
Verstopfungsgesetz	$k_1 = 0{,}001\,67$, $M_{max} = 200$
Standardgesetz	$k_2 = 0{,}005\,86$, $F_w = 341$, $FZ = 586$
Zwischengesetz	$k_3 = 0{,}006\,93$
Schlammgesetz	$k_4 = 0{,}03$

Tabelle 2. Vergleich der Filterhalbwerte nach verschiedenen Filtrationsmechanismen

Filtrationsgleichung	Filter-halbwert	Viskose 1	Viskose 2
Verstopfungsgesetz	M_{H1}	157 ± 28	74 ± 5
Standardgesetz	M_{H2}	151 ± 13	76 ± 2
Zwischengesetz	M_{H3}	160 ± 18	78 ± 4
Kuchengesetz	M_{H4}	184 ± 16	79 ± 1

(Mittelwerte aus Parallelbestimmungen)

wurden. Um die im Anschluß nachfolgenden, näher beschriebenen Auswerteverfahren auf diese Beispiele anwenden zu können, wurde die Filtratmenge auf einer registrierenden Waage laufend bestimmt, so daß die Filtratmenge zu jeder beliebigen Zeit oder die benötigte Zeit für eine bestimmte Filtratmenge angegeben werden konnten. Das Ergebnis zeigt Tabelle 2, aus der hervorgeht, daß die verschiedenen M_H-Werte einander etwa entsprechen und somit direkt vergleichbar sind.

Ein viskositätskorrigierter Filterhalbwert F_{HK} kann wie folgt definiert werden:

$$F_{HK} = 0{,}2929 \cdot \left(\frac{SKF}{50}\right)^a \cdot F_w$$

(SKF = Kugelfallviskosität der Viskose in Sekunden; für die meisten Filtermaterialien ist $a \approx 0{,}4$).

Der Ausdruck $0{,}2929 \cdot \left(\frac{SKF}{50}\right)^{0,4}$ ist in Tabelle 3 für einige aktuelle Kugelfallviskositätswerte tabelliert.

Will man bei der Auswertung nach dem Verstopfungsgesetz das graphische Differenzieren umgehen, so kann man nach Integration für M den Ausdruck schreiben:

$$M_t = M_{max}\,(1 - e^{-k_1 \cdot t}).$$

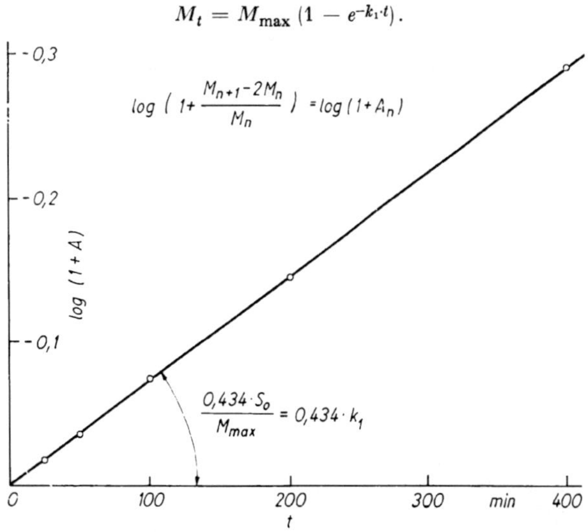

Bild 2. Verfahren zur Ermittlung von k_1 aus den Meßdaten

Tabelle 3. Werte der Faktoren $\varkappa$

Viskoseviskosität η (Sekunden Kugelfallzeit)	Faktor $\varkappa$ $\frac{2-\sqrt{2}}{2} \cdot \left(\frac{\eta}{50}\right)^{0,4}$
30	0,238 76
35	0,253 95
40	0,267 88
45	0,280 80
50	0,292 89
55	0,304 27
60	0,315 05
65	0,325 30
70	0,335 09
75	0,344 46

Um nun die Auswertung so einfach wie möglich zu gestalten, braucht man nur die Meßzeiten t so zu wählen, daß jede Zeit die doppelte der vorhergegangenen ist, also sich die Zeitenfolge t_1, $2t_1$, $4t_1$, $8t_1$ usw. ergibt; d. h. also, daß allgemein $t_{n+1} = 2t_n$ mit den zugehörigen Filtratmengen M_{n+1} und M_n ist. Ein praktischer Vorschlag wäre z. B., die Zeiten 25, 50, 100 und 200 min zu wählen. Unter dieser Voraussetzung und *nur dann* gilt

$$M_{max} = \frac{S_0}{k_1} = \frac{M_n^2}{2M_n - M_{n+1}}.$$

Für die graphische Bestimmung von k_1 bildet man zweckmäßig die Ausdrücke

$$\frac{M_2 - 2M_1}{M_1} = A_1; \ \frac{M_3 - 2M_2}{M_2} = A_2, \ \frac{M_{n+1} - 2M_n}{M_n} = A_n$$

und trägt den Logarithmus von $1 + A_n$ gegen t_n auf, wie Bild 2 zeigt. Das Steigungsmaß der Geraden ist dann $0{,}434 \cdot k_1$.

Durch einen ähnlichen Kunstgriff kann man auch direkt die Konstante des Zwischengesetzes k_3 aus Filtrationsmessungen unter Umgehung der graphischen Differenzierung bestimmen. Allerdings wird das Meß-Schema komplizierter

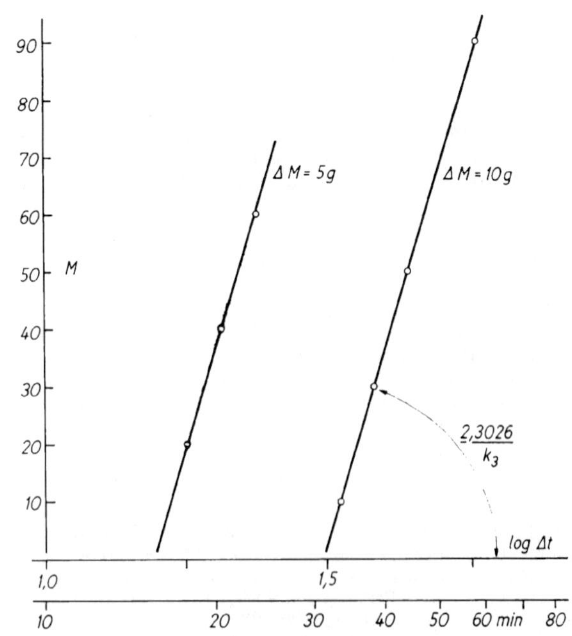

Bild 3. Verfahren zur Bestimmung von k_3, der Filtrationskonstanten des Zwischengesetzes

— auch die Genauigkeitsanforderung steigt! — und kann z. B. nicht ohne weiteres mit der vorhin beschriebenen Arbeitsmethodik kombiniert werden. Man muß nämlich jeweils die Zeit Δt bestimmen, die verstreicht, um von der Viskosemenge M zur Menge $M + \Delta M$ zu gelangen. Der Zuwachs ΔM ist hierbei konstant zu halten, beispielsweise 5 g. Es gilt also die Wertepaare:

$$\left.\begin{array}{l} M_1 \ldots\ldots\ldots\ldots\ldots t_1 \\ M_1 + \Delta M \ldots\ldots\ldots t_1' \end{array}\right\} t_1' - t_1 = \Delta t_1$$

$$\left.\begin{array}{l} M_2 \ldots\ldots\ldots\ldots\ldots t_2 \\ M_2 + \Delta M \ldots\ldots\ldots t_2' \end{array}\right\} t_2' - t_2 = \Delta t_2$$

$$\vdots$$

$$\left.\begin{array}{l} M_n \ldots\ldots\ldots\ldots\ldots t_n \\ M_n + \Delta M \ldots\ldots\ldots t_n' \end{array}\right\} t_n' - t_n = \Delta t_n$$

zu ermitteln. Man trägt hierauf gemäß der Gleichung

$$\frac{k_3}{2{,}3026} \cdot M_n = \log \Delta t_n + K$$

M_n gegen $\log \Delta_n$ auf. Die Steigungskonstante ergibt dann k_3 (siehe Bild 3). Wird ein anderes ΔM gewählt, so erhält man eine parallelverschobene Gerade mit natürlich demselben Steigungsmaß.

Außer der Unterbreitung des Vorschlages eines Vergleiches des Filtrationsverhaltens beim Filterhalbwert M_H — nebst Angabe der hierfür notwendigen Formeln konnte gezeigt werden, daß man bei geeigneter Versuchsführung direkt die benötigten Filtrationskonstanten k_1 und k_3 aus Filtrationsmessungen graphisch ermitteln kann, ohne daß es notwendig ist, graphisch zu differenzieren.

Erich Treiber
Schwedisches Holzforschungsinstitut
Stockholm/Schweden.

Literatur

[1] *Meskat, W.*, Die Grundlagen der Filterverstopfungsneigung. Svensk Papperstidn. **65** (1962) S. 247—265.
Vosters, H. L.: Filterability of viscose III. Svensk Papperstidn. **53** (1950) S. 771—782.
Gonsalves, V. E.: Kritische Untersuchungen zum Filtrationsprozeß der Viskose. Rec. Trav. chim. Pays-Bas **69** (1950) S. 873—895.
[2] Merkblatt III/6 A/68. Prüfung von Viskose. Filterverstopfungszahl von Viskose, Theoretische Grundlagen. Papier **22** (1968) S. 900—904.
[3] *Hermans, P. H.*, *Bredee, H. L.*, und *de Booys, J.*: Zur Kenntnis der Filtrationsgesetze. Rec. Trav. chim Pays-Bas **54** (1935) S. 680—700.
[4] *Treiber, E.*, und *Rehnström, J.*: Die Rolle des Filtermaterials bei der Filterwertbestimmung der Viskose. Svensk Papperstidn. **58** (1955) 471—482.
Meskat, W., in: *Götze, K.*: Chemiefasern nach dem Viskoseverfahren. 3. Aufl. Berlin: Springer 1967.
[5] *Schleicher, H.*, und *Hecht, K.*: Untersuchungen zur Anschwemmfiltration von Viskose.: Faserforsch. u. Textiltechnik. **17** (1966) S. 566—571.
Philipp, B.: Beurteilung der Viskoseeigenschaften von Zellstoffen. Papier **20** (1966) S. 77—81.

Eingegangen am 13. März 1970

Schmelzspinnvorrichtung für kleine Substanzmengen

DK 678.675'126—493:677.494.028.4:677.494.051.5—181.4:677.494.061.7

Für das labormäßige Schmelzspinnen von neuen thermoplastischen Polymeren werden Kleinstspinneinrichtungen benötigt, mit denen Substanzmengen von 5 bis 100 g zu prüffähigen Fäden verformt werden können. Solche Apparaturen müssen es gestatten, reckbare Fäden mit relativ engen Toleranzen der Fadenfeinheit reproduzierbar herzustellen. Außerdem sollten Fördermenge und Abzugsgeschwindigkeit variierbar und der Spinndruck bzw. die Spinntemperatur meßbar sein. Die wenigen bisher in der Literatur beschriebenen Kleinstspinnvorrichtungen [1 bis 9] erfüllen diese Anforderungen nicht oder nicht vollständig.

Wir haben mit der nachfolgend beschriebenen Spindelkolben-Apparatur gute Resultate erzielt.

Die Apparatur besteht aus Zylinder, Spindel, Kolben, Heizmantel und Aufspuleinrichtung.

1. Zylinder

Es stehen zwei Zylinder (Stahl 16 MnCr 5) mit 280 mm Länge und Bohrungen von 15 und 25 mm Durchmesser zur Verfügung.

Im oberen Teil der Zylinder befindet sich eine Anzahl von seitlichen Bohrungen zum Überleiten von Stickstoff. Beim Einfahren der Kolben wird ein Teil der Schmelze durch diese Bohrungen nach außen gedrückt, so daß sich beim Spinnen zwischen Kolben und Schmelze kein Stickstoffpolster mehr befindet, sondern ein direkter Kontakt besteht.

Die nutzbaren Schmelzvolumina betragen 20 bzw. 60 cm³.

Die Zylinder werden unten von der Düsenfassung für Ein- und Mehrlochdüsen mit 14 mm Durchmesser abgeschlossen, oberhalb der Düsenfassung befindet sich die Bohrung für Druck- bzw. Temperaturmessung (Bild 1).

2. Spindel

Die Spindel ist 797 mm lang und mit Feingewinde (M 12 × 1) versehen. Am unteren Ende der Spindel werden die Kolben befestigt. Der Vortrieb der Spindel erfolgt über ein regelbares Kettengetriebe und ist von 1,7 bis 10,2 mm/min einstellbar.

3. Kolben

Die Kolben bestehen ebenfalls aus Stahl 16 MnCr 5. Zum Abdichten der Kolben gegen die Zylinderwand haben sich auswechselbare Ringe aus Polytetrafluoräthylen bewährt.

4. Heizmantel

Als Heizmantel wird ein mit Schlackenwolle isolierter Aluminiumkörper mit vier Heizbändern von je 300 Watt Leistung verwendet. Die Temperatureinstellung erfolgt mit Regeltrafo, Widerstandsthermometer und einem Regler mit elektronischer Rückführung. Die Temperaturkonstanz beträgt ±0,5 grd.

Die Bohrung für den Druckgeber im Zylinder ist durch den Heizmantel nach außen geführt. Nach Ausbau des Druckgebers läßt sich der Heizmantel nach unten absenken, der mit einer Verschraubung befestigte Zylinder kann dadurch leicht ausgebaut werden (Bild 2).

5. Aufspuleinrichtung

Unter dem Spinnteil der Apparatur ist ein einfacher Kühlschacht von 1,75 m Länge ohne Anblasung angebracht. Die Fäden werden aus dem Schacht über eine Präparationsscheibe geführt und auf eine direkt angetriebene Spule (Spulendurchmesser 130 mm) mit Changierung aufgenome-

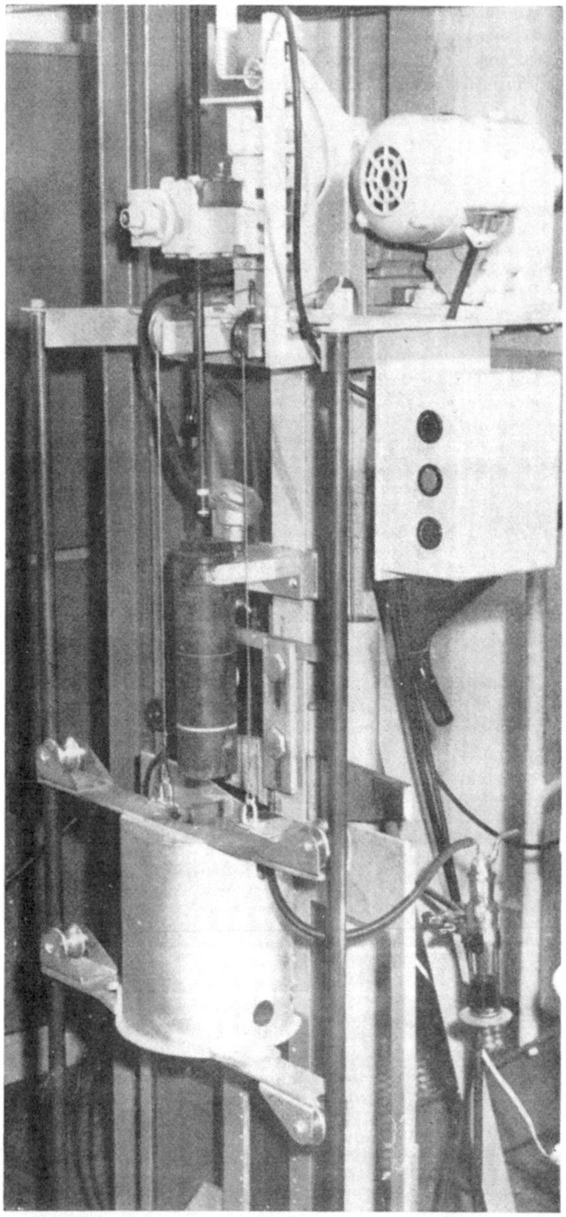

Bild 1. Schnitt durch Aufschmelzraum und Düsenteil der Spindel-Kolben-Spinnapparatur

men. Die Fadenauflage verändert die Abzugsgeschwindigkeit nur um 1,5%/mm (z. B. Änderungen der Feinheit von 9,6 auf 9,2 tex für 3 mm Auflage) und ist damit zu vernachlässigen.

Die Abzugsgeschwindigkeit ist zwischen 45 und 300m/min regelbar. Die Fördermengen betragen für den Zylinder mit 15 mm Bohrung 0,3 bis 1,8 g/min und für den größeren Zylinder 1 bis 6 g/min. Beim Einfüllen des zu spinnenden Materials in die vorgeheizten Zylinder betragen die Aufschmelzzeiten bis zur Temperaturangleichung 10 bzw. 16 min.

Beim Spinnen von Polycaprolactamschnitzeln wurden die in Tabelle 1 angeführten Ergebnisse erhalten.

Die Reproduzierbarkeit von Fadengleichmäßigkeiten und Festigkeiten aus beiden Spinnzylindern ist für die Vergleichbarkeit der Fadeneigenschaften von neuen und modifizierten Faserstoffen ausreichend.

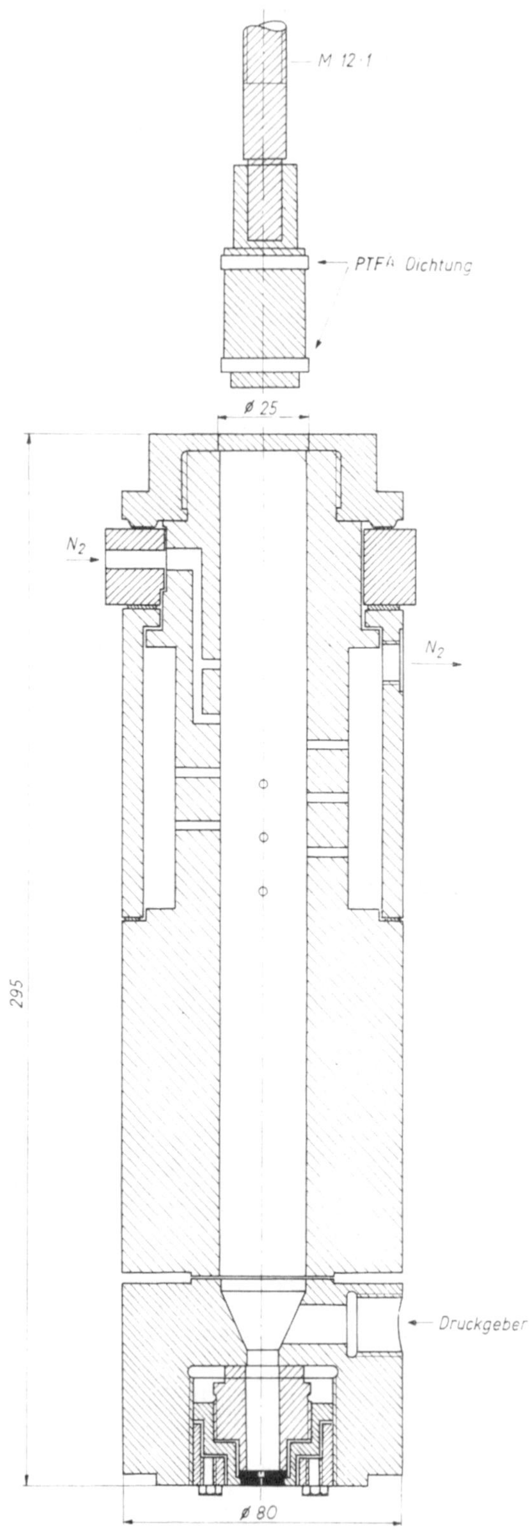

Bild 2
Schmelzspinnvorrichtung mit abgesenktem Heizmantel

Die Ustergleichmäßigkeit für polyfile Fäden ist mit 2,8 ± 0,6% besser als für Einzelfäden (4,6 ± 0,5%); durch Anbringen von Umlenkgaletten an der Aufspuleinrichtung läßt sich hier sicher noch eine Verringerung der Ungleichmäßigkeiten längs der Fäden erreichen.

Tabelle 1. Reproduzierbarkeit der Fadeneigenschaften [Polycaprolactamgranulat, η_{rel} (0,5proz. in 95,6proz. H_2SO_4) 1,595; Spinntemperatur 265 °C; λ = 1:3,9]

Fördermenge g/min	Düse	Spinndruck at	Titer tex	Reißkraft p	Reißkraft V%	Reißdehnung %	Reißdehnung V%	Festigkeit p/tex
a) Zylinder 25 mm Durchmesser, Abzug 125 m/min								
1,2	1 × 0,5	30...33	2,29	99,9	10,87	31,9	16,1	42,0
			2,17	96,6	4,64	37,2	14,4	44,3
1,2	4 × 0,4	15...17	2,63	111,9	4,29	29,0	4,29	45,5
			2,40	101,0	3,70	27,7	9,24	41,1
			2,44	105,2	4,23	36,7	13,6	43,1
			2,38	100,7	3,97	34,9	14,4	41,6
b) Zylinder 15 mm Durchmesser, Abzug 62,5 min/m								
0,6	1 × 0,5	15...17	2,65	112,5	6,03	37,5	10,23	42,0
			2,68	111,8	6,81	36,7	13,5	40,8

Beim Spinnen von Polycaprolactamgranulat (Wassergehalt 0,04%) unter den in Tabelle 1 angegebenen Bedingungen über eine Spinnzeit von 20 min (eine Zylinderfüllung) wurde eine Konstanz der rel. Lösungsviskosität von $\pm$0,01 Einheiten ermittelt. Dieser Wert liegt nur unwesentlich über der an einer industriellen Rostspinnanlage ermittelten Viskositätsabweichung von $\pm$0,008 Einheiten [4].

Dem Leiter der Abteilung Polykondensatfaserstoffe, Herrn Dr. *G. Reinisch*, danken wir für die Anregung zum Bau der Apparatur und für zahlreiche Diskussionen.

Literatur

[1] *Sigal, M. B., Kudrjavcev, G. I.*, und *Kociorova, T. N.*: Methode und Apparatur zur Bestimmung der faserbildenden Eigenschaften schwerschmelzender Polymerer. Chim. Volokna (Chem. Fasern) **1** (1959), 5, S. 29—30.

[2] *Nečaeva, S. A.*, und *Rogovin, Z. A.*: Das Spinnen der Polypropylenfaser aus dem thermoplastischen Zustand. Chim. Volokna (Chem. Fasern) **1** (1959) 6, S. 17—21.

[3] *Schmitt, E. E.*: Miniature glass meltspinn apparatus for evaluation of experimental fiber-forming thermoplastic polymers. Vortrag auf dem ACS Meeting, Polymer Division, Symposium on Micro Techniques in Polymer Evaluation. Chicago 1969.

[4] *Reinisch, G.*, und *Dietrich, K.*: Über die Aussagesicherheit verschiedener Methoden zur Bestimmung der niedermolekularen Anteile von Polycaprolactam. 3. Mitt. über „Analytik von Polycaprolactam". Faserforsch. u. Textiltechnik **19** (1968) 4, S. 149—154.

Klaus Dietrich und *Heinz Versäumer*
Deutsche Akademie der Wissenschaften zu Berlin
Institut für Faserstoff-Forschung in Teltow-Seehof
Abt. Polykondensatfaserstoffe

Eingegangen am 13. Februar 1970

Neue Bücher

Deutsch-polnisches chemisches Wörterbuch mit polnischem Wörterverzeichnis. (Słownik chemiczny niemiecko-polski z indeksem terminów polskich.) Redigiert von Dipl.-Ing. *Z. Sobecka.* Warszawa: Wydawnictwa naukowo-techniczne 1962. XVI, 760 S.; Lwd. 95 Zł; 30,90 M.

Die nach dem zweiten Weltkrieg einsetzende starke Chemisierung der Wirtschaft in der VR Polen hat auch die Bedeutung der polnischen chemischen Literatur wesentlich beeinflußt. Sowohl nach der Statistik der „Current Chemical Titles" als auch nach den eigenen statistischen Erhebungen des Unterzeichneten anhand der Literaturschau „Faserstoffe und Textiltechnik" nimmt Polnisch hinter den Weltsprachen Englisch, Russisch, Deutsch, Französisch sowie Japanisch z. Z. den 6. Platz in der Weltrangliste der chemischen Literatur ein.

Die Leser dieser Zeitschrift, denen solche polnische Periodica wie „Polimery" oder „Przemysl włokienniczy", um nur einige Beispiele zu nennen, längst vertraut sind, werden deshalb die Erscheinung des ersten umfangreichen deutsch-polnischen Fachwörterbuches auf dem Gebiete der Chemie und chemischen Technologie gewiß begrüßen.

Sowohl der Wortschatz des Wörterbuchs — 33000 deutsche Fachausdrücke — nicht allein aus der Chemie und der chemischen Technologie, sondern auch aus der Nahrungsmittelindustrie, Gerberei, Papierindustrie einschließlich Grundbegriffe der Mathematik, Physik, Mineralogie, Kristallographie, Meßtechnik, Elektrotechnik u. a., als auch der Nutzerkreis des Wörterbuches sind sehr breit angelegt. Dem Schutzumschlag entnehmen wir: „Das Wörterbuch ist bestimmt für Chemiker, Chemotechniker, Ingenieure und Techniker, für Ärzte und Apotheker, für Chemiekaufleute, für Im- und Exporteure, für Lehrer und Lernende an Hoch- und Fachschulen, für Übersetzer, Patentanwälte, Zollbehörden (?!) und alle diejenigen, die mit der deutschen sowie mit der polnischen Literatur und Dokumentation auf dem Gebiete der Chemie und verwandter Wissenschaften zu tun haben". Um dieser wirklich nicht alltäglichen Aufgabe Herr zu werden, hat das Redaktionskollegium 38 Wissenschaftler und Techniker mit der Wortsammlung und Bearbeitung beauftragt, während 75 zum Teil international angesehene Wissenschaftler als Referenten bemüht wurden.

Insgesamt hinterläßt das auf diese Weise zustande gekommene Wörterbuch einen sehr guten Eindruck — eine prägnante Gliederung, ausgezeichnete graphische Gestaltung, sowie das sehr begrüßenswerte Verzeichnis der polnischen Termini, das fast ein polnisch-deutsches Wörterbuch ersetzt, machen die Benutzung so einfach wie möglich. Als lobenswerte Ergänzungen seien das Abkürzungsverzeichnis der deutschen chemischen Ausdrücke und ein kurzes lateinisches Wörterverzeichnis erwähnt, wobei das letztere insbesondere die Arzneimittelchemiker und Biochemiker ansprechen wird.

Nun kann man bekanntlich bei jedem Fachwörterbuch dieses Umfangs eine ganze Menge Fehler, Auslassungen

Prof. Dr.-Ing. Günther von Hornuff 70 Jahre

Am 22. Juni 1970 vollendet Prof. Dr.-Ing. *Günther von Hornuff* das 70. Lebensjahr.

Über die berufliche Entwicklung Prof. *von Hornuffs* berichteten wir vor fünf Jahren anläßlich seines 65. Geburtstages. Als Höhepunkt seiner Tätigkeit als Hochschullehrer kann der Neubau des Instituts für Textilchemie der TU Dresden betrachtet werden, dessen Einweihung im Rahmen einer international besuchten wissenschaftlichen Tagung am 22. und 23. April 1966 erfolgte. Durch die damit geschaffenen vertieften Ausbildungsmöglichkeiten und die Einrichtung einer postgradualen Ausbildung für Chemiker hat er das Studium der Textilchemie an der Technischen Universität Dresden sehr gefördert. Wir wünschen dem Jubilar noch viele Jahre Gesundheit und Wohlergehen.

---

u. a. finden, auf die hier nicht im einzelnen eingegangen werden soll. Erwähnt sei nur, daß die Gebiete der Hochpolymeren und der Textilveredlung ziemlich gut vertreten sind. Wesentlich wichtiger erscheint es dem Rezensenten die Frage: Wie stark ist das vorliegende Wörterbuch mit Ballast beladen? Hier erheben sich sofort zwei Probleme: chemische Verbindungen und verwandte Wissenschaften, wobei in beiden Fällen zu viel des Guten getan wird.

Nehmen wir als Beispiel S. 561, so enthält sie außer dem Begriff Zyklo- (im ganzen Wörterbuch wird unglücklicherweise auch für chemische Verbindungen K- und Z-Schreibweise angewandt) Zykloalkane, Zyklobutan, Zyklobutyl, Zykloheptan, Zyklohexadien, Zyklohexan — insgesamt 17 Verbindungen, die sich nur in der Schreibweise vom Polnischen unterscheiden. Ähnlich sieht es mit sehr vielen organischen Verbindungen und Mineralien aus, die ohne Informationsverlust hätten ausgelassen werden können.

Bei den anorganischen Verbindungen erscheint deren Aufnahme meist berechtigt, da das Polnische eine eigene Nomenklatur besitzt.

Auch die verwandten Wissenschaften sind zu gut bedacht — z. B. während „Ableitung" durchaus berechtigt ist, könnte man auf „erste Ableitung", „zweite Ableitung", „verallgemeinerte Ableitung" ruhig verzichten. Offensichtlich in dem Bestreben, dem polnischen Benutzer des Buches über die Klippen der deutschen Grammatik zu helfen, werden oft außer entsprechenden Verben auch Partizipien angeführt: „abgeklärt, abgekühlt, abgeleitet usw.", während „abklären, abkühlen, ableiten" an einer anderen Stelle zu finden sind.

Diese Schönheitsfehler schmälern jedoch auf keinen Fall den Gesamtwert des vorliegenden Buches, das auch dem Rezensenten oft als sehr nützliches Nachschlagewerk diente. Man kann gewiß sein, daß es überall dort, wo mit der polnischen Chemieliteratur gearbeitet wird, seinen Platz findet. *T. Lukanoff*

Structural Mechanics of Fibres, Yarns, and Fabrics. Von *J. W. S. Hearle, P. Grossberg* und *S. Backer.* Vol. 1. New York/London/Sydney/Toronto: Wiley/Interscience 1969. 469 S., 288 Abb., 57 Tab. Lwd. 215,— s.

In den letzten 25 Jahren hat das Interesse der Forscher an der Strukturmechanik der Fasern, Fäden und Flächengebilde stark zugenommen. Da hierüber aber meist nur Einzelveröffentlichungen vorliegen, hat das Massachusetts Institute of Technology in Cambridge, Massachusetts (USA), unlängst spezielle Sommerkurse zu dieser Thematik veranstaltet. Der erste Band des vorliegenden Buches basiert zum großen Teil auf diesen Vorlesungen.

Die Autoren *J. W. S. Hearle* (Universität Manchester), *P. Grossberg* (Universität Leeds) und *S. Backer* (Institut für Technologie Massachusetts) sind aus der Literatur hinreichend bekannt. Ihre Absicht war es nicht, ein Lehrbuch zu schreiben. Vielmehr haben sie versucht, den gegenwärtigen, teilweise noch lückenhaften Wissensstand zur Thematik darzulegen, wobei sie sich in starkem Maße auf die Literatur stützen, und zwar ausschließlich auf englisch-sprachige Quellen. Von den über 250 zitierten Veröffentlichungen ist der größte Teil im Journal of the Textile Institute und im Textile Research Journal zu finden.

Der Stoff ist in 14 Kapitel gegliedert, die voneinander weitgehend unabhängig sind. 8 Kapitel stammen von *Hearle,* 5 von *Grossberg* und einer von *Backer,* der als Herausgeber auftritt.

Die Autoren befassen sich in ihren Beiträgen etwa je zur Hälfte mit den „eindimensionalen Strukturen", den Garnen und Seiden, also den Fäden, sowie den „zweidimensionalen Strukturen", den Geweben, Gewirken und sonstigen Flächengebilden. Demgegenüber ist den Fasern kein spezielles Kapitel gewidmet.

Bezüglich der Fäden werden Themen behandelt wie Fadengeometrie, Form und Faseranordnung in Garnen, Theorie der Dehnung von Seiden, Theorie der Mechanik von Garnen, sowie Beobachtungen beim Dehnen und beim Bruch von Seiden und Garnen. Hinsichtlich der Flächengebilde wird ein klassifizierender Überblick gegeben, werden geometrische, Zug-, Knick-, Schub- und Falleigenschaften von Geweben behandelt, und es wird auch auf die Geometrie und die Mechanik von Gewirken eingegangen.

Die von den Autoren dargelegten Theorien und analytischen Betrachtungen basieren meist auf Modellen oder auf Modellvorstellungen, wobei jeweils auf spezielle Veröffentlichungen verwiesen wird, deren intensives Studium zum Verständnis des Stoffes größtenteils erforderlich sein dürfte. Gute mathematische Kenntnisse werden vorausgesetzt.

Den Berechnungen, zahlreichen Diagrammen und Tabellen liegt größtenteils das metrische Maßsystem zugrunde, und für die Feinheit wird das tex-System angewandt.

Es wird eingeschätzt, daß dieses Fachbuch für Praktiker wenig geeignet ist. Demgegenüber dürfte es für textilphysikalisch interessierte Wissenschaftler von Interesse sein, zumal es auch einen Überblick über die einschlägige englischsprachige Literatur vermittelt. *H. Rothe*

Carbanions, Living Polymers and Electron Transfer Processes. Von *Michael Szwarc.* New York/London/Sidney/Toronto: Interscience/Wiley 1968. XVI, 695 S., Lwd. 260 s.

Die Chemie der Carbanionen und Ionen-Radikale hat sich im letzten Jahrzehnt so erstaunlich rasch entwickelt, daß ein umfassender Überblick über das gesamte Gebiet in einem Band unmöglich sein dürfte. Der Verfasser beschränkt sich daher auch vorwiegend auf mechanistische und kinetische Aspekte dieses interessanten Gebietes.

Der Inhalt des Buches ist in zwölf Kapitel aufgeteilt; jedes Kapitel schließt mit einem Literaturverzeichnis ab. Eine allgemeine Einführung in Polymerisationsprozesse, in ihre Klassifizierung sowie in strukturelle, stereochemische und kinetische Fragen gibt Kapitel I. Den Faktoren, die eine Regulierung der Molmasse und deren Verteilung gestatten, der Herstellung von Blockpolymeren und von Polymeren mit funktionellen Endgruppen ist das zweite Kapitel gewidmet.

Kapitel III behandelt die Thermodynamik des Kettenwachstums und der Gleichgewichtspolymerisation, während im nächsten Kapitel Methoden zur kinetischen Untersuchung anionischer Polymerisationsprozesse beschrieben werden. In Kapitel V werden Ionen und Ionenpaare, ihre Dissoziation und Assoziation, Struktur und Solvatation, Reaktivität und thermodynamischen Eigenschaften, in Kapitel VI in gleicher Weise Radikalionen, insbes. Radikalanionen, solvatierte Elektronen und Elektronenübertragungsvorgänge diskutiert. Einflußparameter auf das Kettenwachstum bei anionischer Polymerisation werden im Kapitel VII, die anionische Polymerisation in lithiumhaltigen Systemen in

Kapitel VIII, die Kinetik der anionischen Copolymerisation im Kapitel IX erörtert. In Kapitel X werden Kinetik und Mechanismus der Polymerisation von N-Carboxy-α-Aminosäureanhydriden zu Polyaminosäuren, im Kapitel XI Helix-Polymerisationen und im letzten Kapitel die verschiedenen Möglichkeiten des Kettenabbruchs bei Polymerisationsreaktionen behandelt.

Zahlreiche, den Text ergänzende Formelbilder, Diagramme, Tabellen und Ableitungen der kinetischen Gleichungen tragen zum Verständnis des dargebotenen Stoffes bei.

Das Buch wird sicher nicht nur dem auf diesem Gebiet arbeitenden Organiker, sondern auch dem Physikochemiker und durch seine klare Darstellungsweise auch dem Studierenden nützlich sein. Wie umfassend trotz aller Beschränkung das Gesamtgebiet erfaßt worden ist, zeigen u. a. auch die mehr als 1300 Hinweise auf die vorwiegend englischsprachige Originalliteratur. Die Gesamtausstattung des Buches ist ausgezeichnet. *E. Leibnitz*

Untersuchungen über die Eignung verschiedener Meßverfahren zur Ermittlung von Fadenspannungen. Von *Herbert Stein, Wolfgang Stein* und *Siegfried Hobe.* Forschungsberichte des Landes Nordrhein-Westfalen. Nr. 2011. Köln und Opladen: Westdeutscher Verlag 1969. 34 S., 27 Abb., 2 Tab. Kart. DM 21,40.

In einer einleitenden Literaturübersicht, die 65 Arbeiten umfaßt, weisen die Autoren auf die Bedeutung hin, die den Fadenspannungsmessungen schon immer in der Textilindustrie entgegengebracht worden ist. Sie selbst haben sich die Aufgabe gestellt, in vergleichenden Untersuchungen zu ermitteln, wie sich unterschiedliche Versuchsbedingungen bei der Fadenspannungsmessung auf die Arbeitsweise von Fadenspannungsmeßgeräten und damit auf die Meßergebnisse auswirken. In ihre Untersuchungen bezogen sie die mechanischen Fadenspannungsmeßgeräte TEN 12K, TEN 30K und TEN 120K von Zivy, DXX 5 und DXX 12 von Schmidt sowie das Normalmodell und das Modell mit Dämpfung von Zellweger ein. Bei den verwendeten elektronischen Fadenspannungsmeßgeräten handelte es sich um den Elmagraph der Firma Textechno, den Meßkopf der Firma Brosa, das Tensotron der Firma Honigmann, den Textronograph, Bauart Haase-Deyerling, und die piezoelektrische Meßeinrichtung der Firma Kistler. Beim Elmagraph, dem Meßkopf von Brosa und beim Tensotron war es dabei möglich, das Gerät entweder mit Umlenkrollen oder mit Umlenkstiften auszustatten. Das erstgenannte Gerät ließ darüber hinaus ein teilweises Ausrüsten mit Rollen und Stiften, ein Festsetzen einzelner oder aller Rollen und ein Ändern des Umschlingungswinkels des Fadens durch unterschiedliche Stiftanordnung zu. Die Fadenzugkraft wurde durch ein angehängtes Massestück aufgebracht. Dieser statischen Beanspruchung konnte mit Hilfe eines Pulsographen eine sinusförmige Wechseldehnung mit Frequenzen von 5, 10 und 20 Hz bei Hubhöhen (doppelte Amplituden) von 3, 6 und 9 mm überlagert werden. Da außer einem normalen auch ein Schnellschreiber eingesetzt wurde, konnte ein umfassendes Versuchsprogramm durchgeführt werden, das im Prinzip zu folgenden Ergebnissen führte:

Bei nicht zu hohen Anforderungen an die Genauigkeit können konstante Fadenzugkräfte oder Mittelwerte rasch schwankender Fadenzugkräfte mit mechanischen Handfadenspannungsmeßgeräten ermittelt werden.

Der Fehler des eigentlichen Meßsystems, der vom Hersteller elektronischer Fadenspannungsmeßgeräte angegeben wird, kann durch die Reibung an den Umlenkstiften oder an blockierten Umlenkrollen sowie durch die Massenträgheit der Rollen auf ein Vielfaches gesteigert werden.

Schnelle Fadenspannungsschwankungen können selbst bei Verwendung von elektronischen Fadenspannungsmeßgeräten sehr verfälscht werden, wenn die Eigenfrequenz der Registriergeräte zu niedrig liegt. In einem Beispiel wurde gezeigt, daß statt der zwischen 0 und 100 p periodisch mit 10Hz schwankenden Fadenspannung (mit dem Helioscriptor aufgezeichnet) ein normaler Kompensationstintenschreiber nur Zugkräfte zwischen 16 und 19 p aufschrieb.

Die kurzen und prägnanten Ausführungen sind nicht nur für jeden interessant, der sich mit Fadenspannungsmessungen befassen muß, sondern auch für denjenigen, der Kräfte elektrisch messen will. Die wenigen Druckfehler (auf Seite 13 muß es in der 6. Formel P statt P_1 heißen, auf Seite 18, Abschnitt 5, Zeile 7, richtig 20 Hz statt 20 kHz) schmälern den Wert der kleinen Schrift in keiner Weise.

F. Winkler

Journal of Thermal Analysis. An international review of thermal investigations. Herausg.: *E. Buzágh* und *J. Simon.* Heyden & Son Ltd., London, und Akadémiai Kiedó, Budapest. 1969 ff. Jährlich 4 Hefte mit insges. 480 S. Jahresbezugspreis Ł 7/0/0.

In dieser ausgezeichneten neuen Zeitschrift werden die Leser kurzfristig über wesentliche, international interessierende Forschungsarbeiten auf diesem Fachgebiet informiert. Es werden folgende Themen behandelt: Thermogravimetrie, Differentialthermoanalyse, Derivative Thermogravimetrie, Derivatographie, Thermodilatometrie, Differentialkalorimetrie sowie Instrumentation dieser analytischen Methoden mit verschiedenen Techniken.

Die Veröffentlichungen sind nach folgender Einteilung zusammengestellt: Originalarbeiten, kurze Mitteilungen, spezielle Übersichtsartikel — wobei hauptsächlich kritische methodische Zusammenstellungen berücksichtigt werden, deren ausführliche Forschungsergebnisse in den Zeitschriften der speziellen Wissenschaftszweige beschrieben werden —. Weiterhin folgen eine gute bibliographische Zusammenstellung von in anderen Zeitschriften kürzlich veröffentlichten thermalanalytischen Arbeiten und die Beschreibung moderner Instrumente.

Die einzelnen Artikel sind in englischer, deutscher oder französischer Sprache abgefaßt und mit Kurzreferaten in englischer, deutscher, französischer und russischer Sprache, die zur Dokumentation geeignet sind, versehen.

Sowohl vom Inhalt als auch vom äußeren Erscheinungsbild (Hochglanz, 17 cm × 24 cm) her ist die Zeitschrift eine sehr zu begrüßende Bereicherung für den in Forschung und Praxis speziell auf diesem Gebiet tätigen Chemiker.

U. Bartels

Patentschau

Auszug aus der Lieferung 23/24/1969 der Patentschau „Faserstoffe und Textiltechnik",
Ausgabe A: Faserstoffe einschl. Kunststoffe und organ. Grundsubstanzen, zusammengestellt von der Abteilung Wissenschaftliches Berichtswesen des Instituts für Faserstoff-Forschung der DAW, 153 Teltow-Seehof, Kantstr. 55

Die Patentschau ist nach der deutschen Patentklasseneinteilung gegliedert. Es bedeuten: DDP = DDR-Patent; DBP = Deutsches Bundespatent; DAS = (West)-Deutsche Auslegeschrift; DOS = (West)-Deutsche Offenlegungsschrift; OeP = Österreichisches Patent; PoP = Polnisches Patent; SzP = Schweizer Patent; FrP = Französisches Patent; GBP = Britisches Patent; JaP = Japanisches Patent; SvP = Schwedisches Patent; SUP = Sowjetisches Patent; ČSP = Tschechoslowakisches Patent; USP = Amerikanisches Patent; A = Anmeldedatum, B = Tag der Ausgabe der Patent- bzw. Auslegeschrift.

Klasse 12o. 6. Synthetische Derivate der Kohlenhydrate u. dgl., z. B. Celluloseester, auch Viscose

SUP 251563 (Urheberschein). Verfahren zur Herstellung von Alkyl(aryl)-phosphoniten der Cellulose. Erf.: *D. S. Predvoditelev, M. V. Sergeeva* u. *A. A. Konkin.* A. 17. 10. 67, B. 10. 9. 69. Kl.: 12o, 6. A.-Z.: 1191345/23—4.

Klasse 12o, 16. Carbonsäureamide

ČSP 133724. Verfahren zur Regenerierung von Dimethylformamid. Erf.: *Irena Vacková, Vítězslav Hanousek* u. *Josef Valík.* A. 31. 1. 68, B. 20. 3. 69. Kl.: 12o, 16. A.-Z.: 725/68.

Klasse 12o, 21. Carbonsäuren mit ungesättigter Atomkette, z. B. Zimtsäure (teilweise)

SzP 478766. Verfahren zur Herstellung ungesättigter Nitrile. Erf.: *Nicola Giordano, Enrico Cavaterra* u. *Vittorio Fattorre.* Inh.: Montecatini Edison S. p. A., Foro Buonaparte 31, Mailand (It). A. 23. 12. 66. Int. Kl.: C 07c 121/30. A.-Z.: 18464/66. Prior.: 24. 12. 65 u. 7. 7. 66 (It; A.-Z.: 28595/65 u. 15693/65). Entspr. FrP 1505213.

SUP 249373 (Urheberschein). Verfahren zur Herstellung von Alkyl-2-nitromethacrylaten. Erf.: *L. I. Bagal, A. A. Stockij* u. *V. V. Kiričenko.* Anm.: Leningradskij technologičeskij Institut Im. Lensoveta. A. 29. 2. 68, B. 5. 4. 69. Kl.: 12o, 21. A.-Z.: 1221944/23–4.

Klasse 12o, 14. Aromatische Carbonsäuren und Harzsäuren (teilweise)

JaP 10766/69. Abtrennung von Glykolen. Inh.: Sumitomo Chem. Co. Ltd. A. 11. 3. 65, B. 19. 5. 69. A.-Z.: 14346/65.

JaP 11649/69. Reinigen von Terephthalsäure. Inh.: Mitsui Petroleum Ind. Ltd. A. 21. 4. 65, B. 28. 5. 69. Kl.: 16C. A.-Z.: 23187/65.

JaP 13492/69. Kaliumterephthalat. Inh.: Teijin Co. Ltd. A. 17. 2. 65, B. 17. 6. 69. Kl.: 16C. A.-Z.: 8984/65.

JaP 13495/69. Alkalisalz der Terephthalsäure. Inh.: Teijin Ltd. A. 24. 3. 65, B. 17. 6. 69. Kl.: 16C. A.-Z.: 17070/65.

Klasse 12p, 5. Stickstoffringe der heterocyclischen Reihe mit einem Stickstoffatom. Sonstige Ringe mit einem Stickstoffatom ...; Lactame ... (teilweise)

DOS 1470322. Verfahren zur Herstellung von Caprolactam. Erf.: *Johan A. Bigot, Theo A. J. Meyerink* u. *Leonardus J. Revallier.* Anm.: Stamicarbon N. V., Heerlen (Nd). A. 12. 4. 62, O. 29. 5. 69. Kl.: 12p, 5. A.-Z.: P 1470 322 (St 19089). Prior.: 18. 4. 61 (Nd; A.-Z.: 263767). Entspr. GBP 945213.

FrP 1576183. Verfahren zur Herstellung von ε-Caprolactam. Inh.: Kanegafuchi Boseki Kabushiki Kaisha. A. 9. 8. 68, B. 25. 7. 69. Int. Kl.: C 07 d. A.-Z.: 162583.

SUP 252221 (Urheberschein). Verfahren zur Herstellung von Lactamen. Erf.: *Otto Immel, Hermann Schnell* u. *Hans-Helmut Schwarz.* Anm.: Farbenfabriken Bayer AG (DB). A. 15. 4. 68, B. 10. 9. 69. Kl.: 12p, 5. A.-Z.: 1233843/23–4.

Klasse 29a. Mechanische Gewinnung von Gespinstfasern

PoP 58374. Werganlage für Bastfasern. Erf.: *Zenon Dyszkiewicz, Czarnek Müller, Dr. Włodzimierz.* Inh.: Instytut Przemysłu. Włokien Łykowych, Poznan (Po). A. 1. 8. 66. Kl.: 29a, 2/02.

DOS 1435410. Spinnrohr. Erf.: *Georg Strube.* Anm.: Continental Gummi-Werke AG, 3000 Hannover. A. 4. 10. 63, O. 30. 4. 69. Kl.: 29a, 6/01. A.-Z.: P 1435410 (C 31045).

DOS 1435337. Vorrichtung zum Nachbehandeln von Chemiefasern und ähnlichen Produkten, insbesondere Stapelfasern. Erf.: *Gerold Fleissner.* Anm.: Anstalt für Patentdienst, Vaduz. A. 10. 10. 64, O. 30. 4. 69. Kl.: 29a, 6/05. A.-Z.: P 1435337 (A 47302). Entspr. FrP 1450088.

DDP 68948. Vorrichtung zum Füllen, Öffnen und Verschließen von Mischmaschinen. Erf. u. Inh.: *Ursula Heinrich,* Elsterberg, *Erhard Heinrich* u. *Siegfried Kellner.* A. 23. 11. 67, B. 20. 9. 69. Kl.: 29a, 6/06. A.-Z. WP 29a/ 128505.

DOS 1435709. Verfahren und Vorrichtung zur Herstellung von zusammengesetzten Fäden. Erf.: *Kitao Shimizu, Kazuo Yuki* u. *Miyoshi Okamoto.* Anm.: Toyo Rayon Kabushiki Kaisha, Tokio. A. 6. 8. 63, O. 30. 4. 69. Kl.: 29a, 6/06. A.-Z.: P 1435709 (T 24435). Prior.: 6. 8. 62 u. 19. 4. 63 (Ja; A.-Z.: 32487, 19965 u. 19966). Entspr. GBP 1050191, u. USP 3341891.

JaP 10484/69. Spinndüse. Inh.: Nippon Rayon Co. Ltd. A. 7. 12. 65, B. 15. 5. 69. Kl.: 42 A. A.-Z.: 75213/65.

JaP 13206/69. Vorrichtung zur Herstellung von Faserstoffen. Inh.: Toyo Rayon Co. Ltd. A. 4. 5. 67, B. 13. 6. 69. A.-Z.: 28062/67.

USP 3453688. Vorrichtung zur Extrusion von Fäden. Erf.: *Roger S. Otstot. Ernest P. Carter.* Inh.: Monsanto Co., St. Louis, Mo. A. 28. 2. 67, B. 8. 7. 69. Kl.: 18–8, Int. Kl.: D 01 d 5/20 u. B 30b 11/22. 1 Anspr. A.-Z.: 619307.

USP 3457341. Verfahren zum Erspinnen von Mischfäden. Erf.: *William Joseph Duncan, Charles Frank Fisher, Frank Houston Moye* u. *Samuel Allen Piercy.* Inh.: E. Y. du Pont de Nemours & Co., Wilmington, Del. A. 26. 5. 67, B. 22. 7. 69. Kl.: 264–177, Int. Kl.: D 01d 5/10, 4 Anspr. A.-Z.: 641524. Entspr. FrP 1567531.

GBP 1165929. Verfahren und Vorrichtung zur Herstellung von Chemieseiden mit verschlungenen Elementarfäden und die erhaltenen Produkte. Inh.: R. Torsellini. A. 17. 11. 67, B. 1. 10. 69. Kl.: D 1. F, Int. Kl.: D 02j 1/06. A.-Z.: 52505/67. Prior.: 17. 11. 66 (It; A.-Z.: 786720). Entspr. FrP 1544525.

JaP 10018/69. Recken eines synthetischen Elementarfadens. Inh.: Teijin Ltd. A. 21. 4. 66, B. 10. 5. 69. Kl.: 42D. A.-Z.: 25453/66.

GBP 1164842. Seilstrukturen. Inh.: Imperial Chemical Industries Ltd A. 20. 5. 66, B. 24. 9. 69. Kl.: D 1. T, Int. Kl.: D 07b 1/04. A.-Z.: 22578/ 66.

JaP 11167/69. Recken synthetischer Fäden. Inh.: Asahi Chem. Ind. Co., Ltd. A. 18. 8. 65, B. 23. 5. 69. Kl.: 42A. A.-Z.: 49947/65.

JaP 13775/69. Recken von Polyamid. Inh.: Toyo Spinning Co. Ltd. A. 21. 10. 65, B. 19. 6. 69. Kl.: 42D. A.-Z.: 64815/65.

JaP 15571/69. Synthetische, thermoplastische multifile Seide. Inh.: Toyo Rayon Co. Ltd. A. 19. 12. 66, B. 10. 7. 69. A.-Z.: 82687/66.

JaP 15565/69. Behandlung der Oberfläche von Schmelzspinndüsen. Inh.: Toyo Rayon Co., Ltd. A. 13. 7. 66, B. 10. 7. 69. Kl.: 42A. A.-Z.: 45389/66.

USP 3456292. Spinndüse. Erf.: *James Stanley Cobb, jr.* Inh.: E. I. du Pont de Nemours & Co., Wilmington, Del. A. 30. 3. 67, B. 22. 7. 69. Kl.: 18–8, Int. Kl.: D 01d 3/00. 4 Anspr. A.-Z.: 627200. Entspr. FrP 1559417.

JaP 14897/69. Konjugierte Fäden. Inh.: Teijin Ltd. A. 27. 4. 65, B. 2. 7. 69. A.-Z.: 24892/65.

JaP 14892/69. Modifizierung der Spinneigenschaften. Inh.: Kanegafuchi Spinning Co. Ltd. A. 15. 7. 66, B. 2. 7. 69. Kl.: 42D. A.-Z.: 46271/66. Entspr. FrP 1488183 u. GBP 1106919.

PoP 58493. Spulvorrichtung für Zentrifugalspinnmaschinen. Erf.: *Jerzy Ostrowski, Iwona Szafrankowska, Tadeusz Kochanek, Stanisław Drzewiński, Stanisław Zak, Marchin Michalski.* Inh.: Wrocławskie Zakłady Włokien Sztucznych, Wrocław (Po). A. 8. 11. 66. Kl.: 29a, 6/14.

DDP 68949. Verfahren und Vorrichtung zum Stauchkammerkräuseln eines synthetischen Garnes. Erf.: *Johan Jacques Mertens.* Inh.: Algemene Kunstzijde Unie N. V., Arnhem (Nd). A. 24. 1. 68, B. 20. 9. 69. Kl.: 29a, 6/20. A.-Z.: AP 29a/129790. Prior.: 25. 1. 67 (Nd; A.-Z.: 6701143).

DOS 1435715. Verfahren zur Herstellung von Textilkräuselgarn mit niedriger Verdrehung. Erf.: *Takao Koizumi.* Anm.: Teijin Ltd., Osaka (Ja). A. 7. 8. 64, O. 30. 4. 69. Kl.: 29a, 6/20. A.-Z.: P 1435715 (T 26757). Prior.: 9. 8. 63 u. 23. 6. 64 (Ja; A.-Z.: 42287 u. 35442). Entspr. USP 3399524.

DOS 1435721. Faserkräuselvorrichtung. Erf.: *George Alan Carruthers.* Anm.: Turbo Machine Co., Lansdale, Pa. (US). A. 22. 9. 64, O. 30. 4. 69. Kl.: 29a, 6/20. A.-Z.: P 1435721 (T 27057).

FrP 1575455. Verfahren und Vorrichtung zur Kräuselung synthetischer Fäden unter Druck. Inh.: Algemene Kunstzijde Unie. A. 9. 8. 68, B. 18. 7. 69. Int. Kl.: D 02g. A.-Z.: 162561. Prior.: 18. 8. 67 (Nd; A.-Z.: 67/11372).

USP 3453817. Verfahren zur Dampfbehandlung von texturierter Seide. Erf.: *Henry Michael jr. Strub,* Inh.: The Duplan Corp., Winston-Salem, N. C. A. 5. 11. 64, B. 8. 7. 69. Kl.: 57–157, Int. Kl.: D 02g 3/24, 1/16 u. 1/20. 6 Anspr. A.-Z.: 409226.

USP 3457338. Verfahren zum Texturieren von Polypropylenfäden. Erf.: *Lloyd Edward Lefevre.* Inh.: The Dow Chemical Co., Midland, Mich. A. 21. 9. 64, B. 22. 7. 69. Kl.: 264–103, Int. Kl.: D 02g 1/20 u. 1/16. 3 Anspr. A.-Z.: 397689.

DOS 1435717. Verfahren und Vorrichtung zum Strecken von synthetischen Fäden. Erf.: *Keisufe Shimokura* u. *Nabuo Kuwata.* Anm.: Teijin Ltd., Osaka (Ja). A. 13. 8. 64, O. 30. 4. 69. Kl.: 29a, 6/31. A.-Z.: P 1435717 (T 26806). Prior.: 14. 8. 63 u. 28. 8. 63 (Ja; A.-Z.: 42056 u. 45203). Entspr. FrP 1404280 u. GBP 1048113.

GBP 1166048. Verfahren zur Herstellung von organischen thermoplastischen Fäden. Inh.: Capdevila, E. C. A. 7. 10. 66, B. 1. 10. 69. Kl.: B 5. B, Int. Kl.: D 01f 7/02 u. 7/04. A.-Z.: 44991/66. Prior.: 16. 10. 65 (Sp; A.-Z.: 318594). Entspr. SzP 436555 u. FrP 1496690.

ČSP 133212. Verfahren zum Gleichrichten von Fäden. (vermutlich ist Parallelisieren gemeint. d. Ü.) Erf.: *Ján Kováč, Jozef Capuliak* u. *Václav Pospíchal.* A. 22. 9. 67, B. 15. 1. 69. Kl.: 29a, 6/31, Int. Kl.: D 01 d. A.-Z.: 6749/67.

ČSP 133439. Verfahren zur Herstellung von Zwei- und Mehrkomponentenfäden aus synthetischen oder natürlichen linearen Polymeren, Copolymeren oder Mischpolymeren. Erf.: *Josef Fulier.* A. 26. 11. 64, B. 20. 3. 69. Kl.: 29a, 6/30. A.-Z.: 6582/64.

Klasse 29b. Chemische Gewinnung bzw. Herstellung von Spinnfasern und Fäden sowie ihre Präparation für die textile Weiterverarbeitung

USP 3453818. Herstellung von Asbestfäden. Erf.: *Jane E. Novak* u. *John F. Orzechowski.* Inh.: Raybestos-Manhattan Inc., Passaic, N. J. A. 29. 11. 67, B. 8. 7. 69. Kl.: 57–164, Int. Kl.: D 02g 3/38. 7 Anspr. A.-Z.: 686578.

DDP 69174. Vorrichtung zur Abkühlung von frisch kondensierten Polyester- oder Mischpolyesterschmelzen. Erf. u. Inh.: *Horst Lück,* Premnitz Krs. Rathenow, u. *Hermann Parth,* Premnitz Krs. Rathenow. A. 23. 8. 68, B. 5. 10. 69. Kl.: 29b, 3/60. A.-Z.: WP 29b/134325.

DOS 1494606. Fäden aus hochmolekularen linearen Polycarbonaten. Erf.: *Wolfgang Rellensmann, Bela von Falkai, Alfred Reichle* u. *Hermann Schnell.* Anm.: Farbenfabriken Bayer AG, 5090 Leverkusen. A. 10. 12. 64, O. 22. 5. 69. Kl.: 29b, 3/60. A.-Z.: P 1494606 (F 44662). A.-Z.: F 44662 entspr. FrP 1457226, GBP 1137492 u. USP 3454526.

JaP 10488/69. Konjugierte Faserstoffe. Inh.: Toyo Rayon Co. Ltd. A. 14. 2. 66, B. 15. 5. 69.

JaP 10491/69. Gekräuselte konjugierte Faserstoffe. Inh.: Teijin Co. Ltd. A. 14. 4. 65, B. 15. 5. 69. Kl.: 42D. A.-Z.: 50673/66.

JaP 13281/69. Stark gekräuselte Polyamid-Konjugatfaserstoffe. Inh.: Kanegafuchi Spinning Co. Ltd. A. 17. 9. 66, B. 13. 6. 69. A.-Z.: 61543/66.

JaP 14111/69. Konjugierter Polyamidfaden. Inh.: Kanegafuchi Spinning Co. Ltd. A. 30. 1. 65, B. 26. 6. 69. A.-Z.: 5245/65. Entspr. SzP 460242, FrP 1494070 u. GBP 1116745.

JaP 14958/69. Elastische Polyurethanfaserstoffe. Inh.: Nichibo Co., Ltd. A. 8. 3. 65, B. 3. 7. 69. A.-Z.: 13359/65.

USP 3454526. Verfahren zum Lösungsspinnen von Polycarbonatfäden. Erf.: *Wolfgang Rellsmann, Bela von Falkai, Alfred Riechle* u. *Hermann Schnell.* Inh.: Farbenfabriken Bayer AG, Leverkusen (DB). A. 22. 11. 65, B. 8. 7. 69. Kl.: 260–47, Int. Kl.: D 01f 7/04 u. 7/06. 9 Anspr. A.-Z.: 509204. Prior.: 10. 12. 64 (DB; A.-Z.: F 44661 u. F 44662. A.-Z.: F 44661 entspr. DAS 1287734, s. 323/69, A.-Z.: F 44662 entspr. DOS 1494606. Entspr. FrP 1457226 u. GBP 1137492.

DOS 1494574. Verfahren zur Herstellung von Hohlfäden aus Tetrafluoräthylenpolymeren. Erf.: *Yutaka Kometani, Hirokazu Izumi, Yutaka Koda* u. *Tadahiko Sugino.* Anm.: Daikin Kogyo Kabushiki Kaisha, Osaka (Ja). A. 4. 12. 64, O. 30. 4. 69. Kl.: 29b, 3/65. A.-Z.: P 1494574 (D 45981). Prior.: 6. 12. 63 (Ja; A.-Z.: 65774/63, JaP 23979/67, S. 343/68). Entspr. GBP 1085983 u. USP 3372082.

FrP 1575491. Verfahren zur Herstellung von fibrillierten Strukturen. Inh.: Celanese Corp. A. 12. 8. 68, B. 18. 7. 69. Int. Kl.: D 01f u. D 01d. A.-Z.: 162733.

JaP 10390/69. Polyvinylalkoholfaserstoff. Inh.: Kurashiki Rayon Co., Ltd. A. 4. 4. 65, B. 14. 5. 69. A.-Z.: 23599/65. Entspr. FrP 1476489 u. GBP 1126975.

JaP 11969/69. Synthetische Faserstoffe. Inh.: Kanegafuchi Chem. Ind. Co. Ltd. A. 15. 7. 65, B. 31. 5. 69. A.-Z.: 42994/65. Entspr. FrP 1489902.

JaP 12852/69. Modifizierte synthetische Faserstoffe auf Acrylnitrilbasis. Inh.: Asahi Chem. Ind. Co. Ltd. A. 7. 10. 65, B. 10. 6. 69. Kl.: 42D. A.-Z.: 61028/65.

JaP 14894/69. Elastomerfaden. Inh.: Kurashiki Rayon Co. Ltd. A. 5. 4. 66, B. 2. 7. 69. Kl.: 42D. A.-Z.: 21656/66. Entspr. FrP 1522611 u. GBP 1159623.

JaP 14901/69. Synthesefaserstoff aus PVA. Inh.: Kurashiki Rayon Co. Ltd. A. 5. 4. 66, B. 2. 7. 69. A.-Z.: 21657/66. Entspr. FrP 1511205.

PoP 58348. Verfahren zur Herstellung von Polyacrylnitrilfasern mit erhöhter Hydrophilie. Erf.: *Henryk Pstrocki, Włodzimierz Wroński, Gabriel Włodarski, Janusz Płoszajski, Jan Wiszczor, Feliks Staliński.* Inh.: Instytut Włókien Sztucznych i Syntetycznych, Łódź (Po). A. 1. 4. 67. Kl.: 29b, 3/60.

SUP 249542 (Urheberschein). Verfahren zur Modifizierung von Vinylpolymeren mit konjugierten Doppelbindungen und von Erzeugnissen auf deren Basis. Erf.: *L. A. Vol'f, A. K. Gabduvalieva, A. V. Bezprozvannych* u. *Ju. K. Kirilenko.* A. 15. 4. 68, B. 5. 4. 69. Kl.: 29b, 3/65. A.-Z.: 1233793/ 23–5.

SUP 249544 (Urheberschein). Verfahren zur Herstellung eines wasserbeständigen Faserstoffs auf Polyvinylalkoholbasis. Erf.: *K. E. Perepelkin* u. *B. M. Pugač*. Anm.: Leningradskij Filial vsesojuznogo naučno-issledovatel'skogo Instituta iskusstvennogo Volokna. A. 18. 4. 66, B. 5. 4. 69. Kl.: 29b, 3/65. A.-Z.: 1070446/23 – 5.

USP 3457343. Naßspinnverfahren. Erf.: *Otto E. van Lohuizen, Pieter Paulusma* u. *Gaspard L. F. van Kinschot*. Inh.: Algemene Kunstzijde Unie N. V., Arnhem (Nd). A. 22. 8. 66, B. 22. 7. 69. Kl.: 264 – 184, Int. Kl.: D 01d 5/06 u. D 01f 7/00. 2 Anspr. A.-Z.: 573852. Prior. 28. 8. 65 (Nd; A.-Z.: 6511263). Entspr. FrP 1495039 u. GBP 1114086.

JaP 14893/69. Schlichte für thermoplastische Seide. Inh.: Toyo Rayon Co. Ltd. A. 15. 10. 66, B. 2. 7. 69. A.-Z.: 6756/66.

JaP 8908/69. Syntetische polymere Faserstoffe. Inh.: Toyo Rayon Co., Ltd. A. 29. 9. 66, B. 24. 4. 69. Kl.: 48D. A.-Z.: 63909/66.

JaP 8916/69. Wash-and-wear-Ausrüstung von synthetischen Faserstoffen vom Polyamidtyp. Inh.: Asahi Chem. Ind. Co., Ltd. A. 7. 12. 66, B. 24. 4. 69. Kl.: 48D. A.-Z.: 80194/66.

JaP 12880/69. Säurebeständige synthetische Faserstoffe auf Polyvinylalkoholbasis. Inh.: Asahi Glass K. K. A. 1. 2. 66, B. 10. 6. 69. Kl.: 48D. A.-Z.: 5885/66.

SUP 249545 (Urheberschein). Verfahren zur Nachbehandlung synthetischer Materialien. Erf.: *V. I. Luzan* u. *K. A. Kornev*. Anm.: Institut Chimii vysokomolekuljarnych Soedinenij AN Ukrainskoj SSR. A. 3. 2. 68, B. 5. 4. 69. Kl.: 29b, 5/04. A.-Z.: 1214663/23 – 5.

USP 3457340. Verfahren zum gleichmäßigen Aufbringen eines Ausrüstungsmittels auf Polyesterseiden. Erf.: *Harold E. Arnold*. Inh.: E. I. du Pont de Nemours & Co., Wilmington, Del. A. 25. 3. 66, B. 22. 7. 69. Kl.: 264 – 168, Int. Kl.: D. 01d 5/10, D 02g 1/00 u. D 06m 13/54. 3 Anspr. A.-Z.: 537542. Entspr. GBP 1143068.

JaP 13239/69. Elektrisch leitende Faserstoffe. Inh.: Teijin K. K. A. 31. 10. 66, B. 13. 6. 69. Kl.: 48D. A.-Z.: 71797/66.

Klasse 32a, 37/00. Herstellung von Fasern oder Fäden aus flüssigem Glas, flüssigen Mineralien oder flüssiger Schlacke

DAS 1299806. Verfahren und Vorrichtung zur Herstellung feiner Glasfasern. Erf.: *Joseph Francis Stephens* u. *Frederick Norton Stephens*. Anm.: Gustin-Bacon Manufacturing Co., Kansas City, Mo. (US). A. 14. 3. 63, B. 24. 7. 69. Kl.: 32a, 37/04. A.-Z.: P 1299806 (G 37272).

DOS 1494876. Verfahren zur Herstellung von in Geweben oder in Parallelfadenlage verwendbaren Glasfäden oder -zwirnen und Rovings. Erf.: *Friedrich Steinrath*. Anm.: Kühn, Vierhaus & Cie. AG, Baumwoll- und Zellwollspinnerei, 4070 Rheydt. A. 3. 5. 65, O. 22. 5. 69. Kl.: 32b, 25/00. A.-Z.: P 1494876 (K 55969). Entspr. SzP 456063 u. FrP 1478008.

Klasse 39b. Makromolekulare Verbindungen; ihre Herstellung und chemische Verarbeitung; Massen auf der Grundlage derartiger Verbindungen

Klasse 39b, 1. Polysaccharide und deren Derivate

JaP 15674/69. Celluloseacetat. Inh.: Teijin Co., Ltd. A. 20. 1. 66, B. 11. 7. 69. A.-Z.: 3452/66.

JaP 15675/69. Wasserlösliches Cellulosexanthat. Inh.: Sanyo Pulp Co., Ltd. A. 24. 4. 65, B. 11. 7. 69. A.-Z.: 23957/65.

Klasse 39b, 4. Polymerisationsprodukte

JaP 11899/69. Polymerisationskatalysator. Inh.: Sekisui Chem. Co. Ltd. A. 18. 11. 65, B. 30. 5. 69. A.-Z.: 70530/65. Vgl. auch JaP 11900/69.

JaP 11901/69. Katalysator. Inh.: Mitsui Petrochem. Ind. Ltd. A. 24. 12. 65, B. 30. 5. 69. A.-Z.: 79325/65. Entspr. FrP 1528615 u. GBP 1151917.

JaP 15655/69. Katalysator. Inh.: Sumitomo Chem. Ind. Co. Ltd. A. 8. 3. 66, B. 11. 7. 69. A.-Z.: 14524/66. Entspr. FrP 1519023 u. GBP 1130696.

JaP 14933/69. Polymerisation von Äthylen. Inh.: Mitsubishi Chem. Ind. Ltd. A. 12. 8. 64, B. 3. 7. 69. A.-Z.: 45328/64.

USP 3454542. Verfahren zur Rückgewinnung von Monomeren. Erf.: *Dudley W. Cheape, jr.* u. *Wayne R. Eberhardt*. Inh.: Monsanto Co., St. Louis, Mo. A. 24. 8. 64, B. 8. 7. 69. Kl.: 260 – 85,5, Int. Kl.: C 08f 1/62 u. 1/76. 7 Anspr. A.-Z.: 391689. Entspr. SzP 465878 u. FrP 1445145.

DOS 1445353. Verfahren zur Herstellung von Vliesen und Preßstoffen. Erf.: *Erich Bäder*. Anm.: Deutsche Gold- u. Silber-Scheideanstalt vorm. Roessler, 6000 Frankfurt. A. 15. 7. 61, O. 22. 5. 69. Kl.: 39b 4, 1/84. A.-Z.: P 1445353 (D 36577). Entspr. SzP 410426 u. GBP 1008803.

USP 3457248. Gewinnung von Polyolefinen aus Lösungen durch schnelles Verdampfen und Zerkleinerung. Erf.: *Sheldon A. Cunningham* u. *Stanley J. Marwil*. Inh.: Phillips Petroleum Co. A. 3. 12. 64, B. 22. 7. 69. Kl.: 260 – 93,5. Int. Kl.: C 08f 1/88, 1/92 u. C 08d 5/00. 7 Anspr. A.-Z.: 415773.

DAS 1300246 Zus. z. Anm. 1202496. Verfahren zum Aufarbeiten von Niederdruckpolyolefin-Dispersionen. Erf.: *Hermann Amrehn, Oswald Wolff, Hanns Strache* u. *Hans Bessing*. Anm.: Chemische Werke Hüls AG, 4370 Marl. A. 31. 12. 63, B. 31. 7. 69. Kl.: 39b 4, 1/97. A.-Z.: P 1300246 (C 31791). Entspr. FrP 1396171, GBP 1058676 u. USP 3366617.

DDP 69217. Verfahren zur Herstellung von Polymerisaten oder Mischpolymerisaten von Äthylen. Erf.: *Wim van der Linde* u. *Pieter van Saane*. Inh.: Stamicarbon N. V., Heerlen (Nd). A. 9. 2. 68, B. 5. 10. 69. Kl.: 39c, 25/01. A.-Z.: AP 39c/130114. Prior.: 9. 2. 67 (Nd; A.-Z.: 6701939).

JaP 15782/69. Polyäthylen. Inh.: Mitsubishi Chem. Ind. Ltd. A. 20. 9. 63, B. 12. 7. 69. A.-Z.: 23688/67.

DAS 1300247. Verfahren zur Herstellung von Polyäthylen mit enger Molekulargewichtsverteilung. Erf.: *Klaus Hofmann*. Anm.: Farbwerke Hoechst AG vorm. Meister Lucius & Brüning, 6230 Frankfurt-Hoechst. A. 14. 11. 63, B. 31. 7. 69. Kl.: 39b 4, 3/06 (39b 4, 1/42). A.-Z.: P 1300247 (F 41272). A.-Z.: F 41272 entspr. SzP 449973, FrP 1413781 u. GBP 1022039.

DOS 1495046. Verfahren zur Polymerisation von Propylen. Erf.: *Itsuho Aishima* u. *Yukichi Takashi*. Anm.: Asahi Kasei Kogyo Kabushiki Kaisha, Osaka (Ja). A. 22. 11. 63, O. 14. 5. 69. Kl.: 39b 4, 3/10. A.-Z.: P 1495046 (A 44619). Prior.: 24. 11. 62 (Ja; A.-Z.: 52843). Entspr. USP 3325462.

PoP 58480. Verfahren zur Herstellung von Polyisobutylen. Erf.: *Lidia Kubiszek, Jozef Obloj, Maria Nowakowska*. Inh.: Instytut Ciezkiej Syntezy Organicznej, Blachownia Slaska (Po). A. 29. 4. 66. Kl.: 39c, 25/01.

JaP 11656/69. Polyvinylidenfluorid. Inh.: Kureha Chem. Ind. Co. Ltd. A. 18. 9. 65, B. 28. 5. 69.

DAS 1300248. Verfahren zur Herstellung von Vinylchloridhomo- oder -copolymerisaten in wäßriger Emulsion. Erf.: *Hans Schneider*. Anm.: Chemische Werke Hüls AG, 4370 Marl. A. 6. 9. 63, B. 31. 7. 69. Kl.: 39b 4, 3/30. A.-Z.: P 1300248 (C 30853).

GBP 1163605. Polymerisation von Vinylchlorid bei niedrigen Temperaturen. Inh.: Montecatini Edison S. p. A. u. A. C. S. A. Applicazioni Chimiche S. p. A. A. 16. 12. 66, B. 10. 9. 69. Kl.: C 3. P, Int. Kl.: C 08f 3/30. A.-Z.: 56521/66. Prior.: 17. 12. 65 (It; A.-Z.: 28027). Entspr. DDP 58600 u. FrP 1505061.

DOS 1520078 Zus. z. Anm. 1180133. Verfahren zur Herstellung von Polyvinylacetat-Dispersionen. Erf.: *Günter Tauber* u. *Hans Zoebelein*. Anm.: Henkel & Cie. GmbH, 4000 Düsseldorf. A. 26. 1. 63, O. 14. 5. 69. Kl.: 39b 4, 3/56. A.-Z.: P 1520078 (H 53076).

DAS 1298708. Verfahren zur Herstellung von hochmolekularen vernetzbaren Elastomeren. Erf.: *Herbert Naarmann* u. *Roman Fischer*. Anm.: Badische Anilin- & Soda-Fabrik AG, 6700 Ludwigshafen. A. 26. 11. 64, B. 3. 7. 69. Kl.: 39b 4, 9/00. A.-Z.: P 1298708 (B 79490). Entspr. FrP 1455636.

DAS 1299119. Verfahren zur Herstellung von feinteiligen Maleinsäureanhydridmischpolymerisaten. Erf.: *Karl Herrle* u. *Fritz Leß*. Anm.: Badische Anilin- & Soda-Fabrik AG, 6700 Ludwigshafen. A. 3. 7. 63, B. 10. 7. 69. Kl.: 39b 4, 15/00. A.-Z.: P 1299119 (B 72513). Entspr. FrP 1400133.

DAS 1299870. Verfahren zur Herstellung von vernetzbaren Copolymerisaten. Erf.: *Herbert Naarmann, Ernst-Günther Kastning* † u. *Kurt Schneider*. Anm.: Badische Anilin- & Soda-Fabrik AG, 6700 Ludwigshafen. A. 20. 10. 62, B. 24. 7. 69. Kl.: 39b 4, 15/02 (8k, 3, 55f. 11/01, 22h, 3). A.-Z.: P 1299870 (B 69319). Entspr. SzP 425236, FrP 1379122 u. GBP 1053227.

DOS 1420437. Verfahren zur Herstellung von Perioden-Mischpolymerisaten. Erf.: *Günther Lehmann, Albert Gumboldt, Gerhard Bier, Kurt Rust* u. *Lothar Bohn*. Anm.: Farbwerke Hoechst AG vorm. Meister Lucius & Brüning, 6230 Frankfurt-Höchst. A. 6. 6. 59, O. 22. 5. 69. Kl.: 39b 4, 15/04. A.-Z.: P 1420437 (F 28629). Entspr. GBP 957777.

SUP 249631 (Urheberschein). Verfahren zur Herstellung leicht vulkanisierbarer Copolymerer von α-Olefinen. Erf.: *G. V. Kovaleva* u. *Ju. B. Podol'nij*. A. 24. 5. 68. B. 5. 4. 69. Kl.: 39c, 25/01. A.-Z.: 1243165/23 – 5.

USP 3457241. Verfahren zur Herstellung von Vinylchloridpolymeren. Erf.: *Akihide Nakamura, Iko Ito* u. *Kiyohiro Kanbara*. Inh.: Sumitomo Chemical Co. Ltd., Osaka (Ja). A. 9. 9. 65, B. 22. 7. 69. Kl.: 260 – 78,5, Int. Kl.: C 08f 15/24 u. 1/13. 7 Anspr. A.-Z.: 486096. Prior.: 12. 9. 64 (Ja; A.-Z.: 39/52294, JaP 13985/68, S. 859/68). Entspr. FrP 1446761, GBP 1085114 u. SzP 447615.

DAS 1300251. Verfahren zur Herstellung von Olefin-Mischpolymerisaten. Erf.: *Karl-Otto Hagel, Kurt Benedikter* u. *Harald Blümel*. Anm.: Chemische Werke Hüls AG, 4370 Marl. A. 21. 9. 63, B. 31. 7. 69. Kl.: 39b 4, 19/00 (39b 2, 9/14 u. 39b 3, 9/08). A.-Z.: P 1300251 (C 30945). Entspr. FrP 1424439.

DOS 1520668. Verfahren zum Herstellen von Mischpolymerisaten. Erf.: *Horst Dalibor*. Anm.: Reichhold-Albert-Chemie-AG, 2000 Hamburg. A. 27. 6. 60, O. 22. 5. 69. Kl.: 39b 4, 21/00. A.-Z.: P 1520668 (R 36057).

GBP 1163139. Behandlung von Wolle. Inh.: I. W. S. Nominee Co. Ltd. A. 15. 12. 66, B. 4. 9. 69. Kl.: C 3. G, Int. Kl.: C 08f 25/00. A.-Z.: 56237/66. Prior.: 30. 12. 65 (US; A.-Z.: 517855).

GBP 1165610. Blockcopolymerisation. Inh.: Rexall Drug & Chemical Co. A. 7. 12. 67, B. 1. 10. 69. Kl.: C 3. P, Int. Kl.: C 08f 25/00. A.-Z.: 55623/67. Prior.: 8. 12. 66 (US; A.-Z.: 600039). Entspr. FrP 1563716.

SUP 249634 (Urheberschein). Verfahren zur Herstellung phosphorhaltiger Oligomerer. Erf.: *A. S. Atavin, G. M. Gavrilava, B. A. Trofimov, S. M. Maksimov* u. *R. D. Jakubov*. Anm.: Irkutskij Institut organičeskoj Chimii Sibirskogo Otdelenija AN SSSR. A. 22.2. 68, B. 5. 4. 69. Kl.: 39c, 25/01. A.-Z.: 1219905/23 – 5.

JaP 15422/69. Modifiziertes Polypropylen. Inh.: Mitsubishi Rayon Co. A. 22. 8. 66, B. 9. 7. 69. A.-Z.: 55123/66.

SUP 250449 (Urheberschein) (Zusatz zu SUP 191114). Verfahren zum Modifizieren von Polyäthylen. Erf.: *A. G. Sirota, M. D. Pukšanskij, E. P. Rjabikov, A. A. Kačan, G. B. Černjavskij, S. S. Chin'kis, I. S. Berova*, u. *V. A. Šrubovič*. A. 15. 6. 68, B. 12. 8. 69. Kl.: 39b, 22/06. A.-Z.: 1247 479/23 – 5.

SzP 478160. Verfahren zur Chlorierung von Vinylpolymeren. Erf.: *Roberto Rettore* u. *Giorgio Gatta*. Inh.: Montecatini Edison S. p. A., Foro Buonaparte 31, Mailand (It). A. 15. 2. 67, Int. Kl.: C 08f 27/02, C 08f 47/12 u. D 01f 7/02. A.-Z.: 2167/67. Prior.: 16. 2. 66 (It; A.-Z.: 3395/66). Entspr. FrP 1511458.

DAS 1298711. Verfahren zur Herstellung modifizierter Monoolefinmischpolymerisate. Erf.: *Joachim Stedefeder* u. *Manfred Däuble*. Anm.: Badische Anilin- & Soda-Fabrik AG, 6700 Ludwigshafen. A. 13. 9. 63, B. 3. 7. 69. Kl.: 39b 4, 27/08 (29b, 3/60, 39b 4, 47/04). A.-Z.: P 1298711 (B 73501).

DAS 1299879. Verfahren zur Herstellung von Polyvinylalkoholen. Erf.: *Jürgen Smidt, Erwin Kopp, Alex Sabel* u. *Josef Sedlmeier*. Anm.: Consortium für elektrochemische Industrie GmbH, 8000 München. A. 10. 7. 62, B. 24. 7. 69. Kl.: 39b 4, 27/16. A.-Z.: P 1299879 (C 27425). Entspr. FrP 1361830.

DDP 69209. Verfahren zur Hydrierung von ungesättigten Polymeren. Erf.: *Toshio Yoshimoto, Seiya Kaneko, Tsuneaki Narumiya* u. *Hiroshi Yoshii*. Inh.: Bridgestone Tire Co. Ltd., Tokio (Ja). A. 11. 7. 68, B. 5. 10. 69. Kl.: 39b, 22/06. A.-Z.: AP 39b/133389.

DAS 1299880. Verfahren zur Erniedrigung des Molekulargewichtes von Polyolefinen. Erf.: *Albert Frese*. Anm.: Chemische Werke Hüls AG, 4370 Marl. A. 9. 1. 63, B. 24. 7. 69. Kl.: 39b 4, 27/28. A.-Z.: P 1299880 (C 28869).

DAS 1296797. Vulkanisierbare Formmassen. Erf.: *Giovanni Bucci, Tonino Simonazzi, Giuliano Ballini* u. *Augusto Portolani*. Anm.: Montecatini Soc. Gen. per l'Industria Mineraria e Chimica, Mailand (It). A. 22. 7. 63, B. 4. 6. 69. Kl.: 39b 4, 29/02 (39b 4, 45/02, 39b 4, 45/72). A.-Z.: P 1296797 (M 57589). Prior.: 23. 7. 62 (It; A.-Z.: 14722). Entspr. FrP 1363806.

SzP 478852. Verfahren zur Herstellung von linearen hochmolekularen Äthylenpolymeren. Erf.: *Antonio Vandi, Francesco Valeretto* u. *Mario Ragazzini*. Inh.: Montecatini Edison S. p. A., Foro Buonaparte 31, Mailand (It). A. 3. 1. 67. Int. Kl.: C 08f 3/04, C 08f 1/72 u. C 08f 47/12. A.-Z.: 35/67. Prior.: 3. 1. 66 (It; A.-Z.: 21/66). Entspr. FrP 1511684 u. GBP 1123532.

JaP 13589/69. Polyolefinkomposition. Inh.: Mitsubishi Rayon Co. Ltd. A. 12. 5. 65, B. 18. 6. 69. A.-Z.: 27746/65. Entspr. DAS 1292311. FrP 1476628, GBP 1137381 u. USP 3374216.

Literaturschau

Auszug aus Lieferung 5 und 6/1970 der Literaturschau sowie der Referatekartei „Faserstoffe und Textiltechnik", zusammengestellt von der Abteilung Wissenschaftliches Berichtswesen des Instituts für Faserstoff-Forschung der DAW, 153 Teltow-Seehof, Kantstr. 55

I. Wissenschaftliche Grundlagen

Allgemeines

(Untersuchungsmethoden u. a.)

Iffoe, I. I., Fedorov, V. S., Muchenberg, K. M., Fuks, I. S.: Vorhersage des Verlaufs von chemischen Reaktionen mit Hilfe der Methoden der statistischen Erkenntnistheorie. Dokl. Akad. Nauk SSSR (Ber. Akad. Wiss. UdSSR) **189** (1969) 6, S. 1290–1293.

Kämpf, G., Kopp, H.-J., Martens, J., Reerink, W., Scharschmidt, J.: Automatisch arbeitendes Simultan-Röntgendiffraktometer zur quantitativen Bestimmung kristalliner Stoffgemische. Meßtechnik **78** (1970) 1, S. 1–4.

Davidson, J., Mathiesen, J., Boyne, A. W.: Die Anwendung der Automation bei der Stickstoffbestimmung nach Kjeldahl mit Endberechnungen durch Computer. Analyst **95** (1970) 1127, S.181–193.

Bolles, W. L., Fair, J. R.: Destillation. IEC. Ind. engng. Chem. **61** (1969) 11, S. 112–120.

Agrawal, J. P., Sourirajan, S.: Umgekehrte Osmose. IEC. Ind. engng. Chem. **61** (1969) 11, S. 62–89.

Bryce, W. A. J.: Mehrfache und krummlinige Regressionsanalyse von Lichtstreuungsdaten. Polymer. London **10** (1969) 10, S. 804–809.

Physik und Chemie der Hochpolymeren

Rudin, A., Bennett, G. W., McLaren, J. R.: Bestimmung von Mw aus der Viskosität verdünnter Lösungen. J. appl. Polymer Sci. **13** (1969) 11, S. 2371–2381.

Penwell, R. C., Porter, R. S.: Viskosität von Polystyrol nahe der Umwandlung in den glasartigen Zustand. J. appl. Polymer Sci. **13** (1969) 11, S. 2427 bis 2437.

Runyon, J. R., Barnes, D. E., Rudd, J. F., Tung, L. H.: Mehrkomponentige Detektoren für die relative Molekülmasse und die Zusammensetzung von Copolymeren bei der Gelchromatographie. J. appl. Polymer Sci. **13** (1969) 11, S. 2359–2369.

Arnold, F. E., van Deusen, R. L.: Darstellung und Eigenschaften löslicher Oxobenz[di]imidazobenzimid-azoisochinolin-Leiterpolymerer mit hoher relativer Molekülmasse. Macromolecules, Washington **2** (1969) 5, S, 497–502.

Perepelkin, K. E.: Über die Korrelation zwischen der relativen Molekülmasse, der Dichte und der Wärmekapazität von linearen Polymeren. Vysokomol. Soed. (Hochmol. Verbind.) Serie B: Kratkie Soobšč. (Kurzmitt.) **11** (1969) 12, S. 902–903.

Head, F. S. H.: Ein neues Bestimmungsverfahren für die relative Molekülmasse von Polyamid 6.6. J. Polymer Sci. A-1: Polymer Chem. **7** (1969) 8, S. 2456–2457.

Gross, D.: Quantitative infrarotspektroskopische Analyse von Styrol-Acrylnitril-Copolymeren nach pyrolytischer Zersetzung. Fresenius Z. analyt. Chemie **248** (1969) 1/2, S. 40–41.

Nishinari, K., Yoshioka, K.: Eine Theorie für die Zunahme der elektrischen Doppelbrechung von starren Makromolekülen bei hoher Feldstärke. Kolloid-Z. u. Z. Polymere **235** (1969) 1, S. 1189 –1192. (engl.)

Paul, D., Gröbe, A.: Elektronenmikroskopische Autoradiographie an Fasern. Isotopenpraxis **5** (1969) 12, S. 464–466.

Vadimsky, R. G., Keith, H. D., Padden, F. J,, jr.: Elektronenmikroskopische Untersuchung der Deformation bei Polyäthylen. J. Polymer Sci., A-2: Polymer Physics **7** (1969) 8, S. 1367–1378.

Jayme, G., Balser, K.: Beitrag zur Elektronenmikroskopie und zum Feinbau der Baumwollfaser. Melliand Textilber. **51** (1970) 1, S. 3–11.

Pilz, I.: Messung der absoluten Intensität der Röntgenkleinwinkelstreuung mittels einer Standardprobe. III. J. colloid interface Sci. **30** (1969) 1, S. 140–144.

Gröbe, A. u. Mitarbeiter: Strukturuntersuchungen an Celluloseregeneratfasern. Chemiefasern **20** (1970) 2, S. 134–140.

Arakawa, T., Nagatoshi, F., Arai, N.: Schmelzverhalten und Morphologie von gerecktem Polyamid 6. J. Polymer Sci., A-2: Polymer Physics **7** (1969) 9, S. 1461–1472.

Lenz, R. W.: Struktur, Eigenschaften und Vernetzungsreaktionen von Polyesteracetylen. Macromolecules, Washington **2** (1969) 2, S. 129–136.

Sakurada, I., Sakaguchi, Y., Omura, Y., Shikata, E.: Tone, M.: Über die Stereoregularität von auf Polyamidfäden aufgepfropftem Polyvinylacetat. Kobunshi Kagaku, Tokyo (Chem. High Polymers) **26** (1969) 295, S. 794–800. (jap.; engl. Zusammenfass.)

Miron, Y., Morawetz, H.: Geschwindigkeiten von Konformationsübergängen in Lösungen von statistisch geknäuelten Polymeren. II. Untersuchung der gehemmten Rotation um die Amidbindungen in Seitenketten durch magnetische Kernresonanz. Macromolecules, Washington **2** (1969) 2, S. 162–165.

Hopkins, R. C.: Dynamisches Spannungsdoppelbrechungsgerät für Polymerfilme. J. Polymer Sci., A-2: Polymer Physics **7** (1969) 11, S. 1907–1918.

Włochowicz, A., Turska, E., Borgniev, St.: Über den Einfluß ionisierender Strahlung auf Struktur und mechanische Eigenschaften von Polyäthylenterephthalat. Faserforsch. u. Textiltechnik **21** (1970) 2, S. 55–60.

Bovey, F. A. (Schreibw. i. Orig.: *Bovej, F. A.*) Stereochemische Konfiguration von Vinylpolymeren und ihre Untersuchung nach der NMR-Methode. Usp. Chimii (Fortschr. Chemie) **38** (1969) 12, S. 2220–2238.

Tsuge, S., Okumoto, T., Takeuchi, T.: Strukturuntersuchung an chlorierten Polyäthylenen durch Pyrolyse-Gaschromatographie. Macromolecules, Washington **2** (1969) 2, S. 200–202.

Grečanovskij, V. A.: Verzweigungen in Polymerketten. Usp. Chimii (Fortschr. Chemie) **38** (1969) 12, S. 2194–2219.

Sakaguchi, Y., Mimuro, K., Tamaki, K., Nishino, J.: Über die Stereoregularität einiger auf Viskoseseide bzw. Polyvinylalkoholfäden gepfropfter Vinylpolymerer. Kobunshi Kagaku, Tokyo (Chem. High Polymers) **26** (1969) 295, S. 787–793. (jap.; engl. Zusammenfass.)

Dolmetsch, H.: Gesetzmäßige physikalische Veränderungen der Fibrillärstruktur in Spinnfasern aus Cellulose und synthetischen Polymeren. Melliand Textilber. **51** (1970) 2, S. 182–190.

Belicyn, M. N., Dmitriev, S. A.: Einfluß verschiedener Faktoren auf die Struktur von Syntheseseiden. Tekstil. Prom., Moskva (Textil-Ind.) **29** (1969) 10, S. 71–74.

Miller, G. W.: Thermische Charakterisierung von Polymeren. Appl. Polymer Symposia (1969) 10, S. 35–72.

Patel, G. N., Patel, R. D.: Einkristalle von Cellulosetriacetat. Polymer, London **10** (1969) 12, S. 932–938.

Hanby, J. E., jr., Johnson, D. C.: Struktur der Bindung im EWNN-Komplex. J. Polymer Sci., A-1: Polymer Chem. **7** (1969) 10, S. 2983–2994.

Cameron, G. G., Kerr, G. P.: Thermischer Abbau von Poly(methyl-α-phenylacrylat). J. Polymer Sci., A-1: Polymer Chem. **7** (1969) 11, S. 3067–3074.

Hendus, H., Illers, K.-H., Šimàk, P.: Kristallisation von amorphem 6-Polyamid im Glasübergangsbereich. Kolloid-Z. u. Z. Polymere **235** (1969) 1, S. 1244–1245.

Beachell, H. C., Peterson, J. C.: Eigenschaften von Polyurethan in verdünnter Lösung. I. Lineare Polymere. J. Polymer Sci., A-1: Polymer Chem. **7** (1969) 8, S. 2021–2029.

Wiesener, E.: Thermogravimetrische Untersuchungen zum thermischen Abbau von Polyäthylenterephthalat. Faserforsch. u. Textiltechnik **21** (1970) 2, S. 61–66.

McGowan, J. C.: Einfluß des Druckes und der Temperatur auf die Dichte von flüssigen Polymeren. Polymer, London **10** (1969) 10, S. S. 841–848.

Mears, D. R., Pae, K. D., Sauer, J. A.: Einfluß des hydrostatischen Druckes auf das mechanische Verhalten von Polyäthylen und Polypropylen. J. appl. Physics **40** (1969) 11, S. 4229–4237.

Sulzberg, Th., Cotter, R. J.: Ladungsübertragungskomplexe in Polymermischungen. II. Donatorpolymere aus Acrylnitriliminodiäthanolen. III. Reaktionen von Acryliminodiäthanolpolymeren mit Tetracyanoäthylen. Macromolecules, Washington **2** (1969) 2, S. 146–149; 150–153.

Sasabe, H., Saito, S., Asahina, M., Kakutani, H.: Dielektrische Relaxationen in Polyvinylidenfluorid. J. Polymer Sci., A-2: Polymer Physics **7** (1969) 8, S. 1405–1414.

Kimmel, R. M., Uhlmann, D. R.: Aktivierungsenergiespektren für die Relaxation in amorphem Material. I. Volumenrelaxation in Polystyrol und Polyvinylacetat. J. appl. Physics **40** (1969) 11, S. 4254–4260.

Allan, G. G., Akagane, K., Neogi, A. N., Reif, W. M., Mattila, T.: Physikalischer Einfang von Polyelektrolyten in mikroporösen Festkörpern: Der Freisetzungseffekt. Nature, London **225** (1970) 5228, S. 175–176.

Kawamura, Y., Nagai, S., Hirose, J., Wada, Y.: Untersuchung der Seitenkettenrelaxation von Methacrylathomopolymeren und -copolymeren nach dem dielektrischen Verfahren. J. Polymer Sci., A-2: Polymer Physics **7** (1969) 9, S. 1559–1575.

Venkateswaran, A.: Ein Vergleich des dielektrischen Verfahrens mit Messungen der Dichte, des Feuchtegehaltes und röntgenographischen Verfahren zur Bestimmung der Feinstruktur von Cellulosematerialien. J. appl. Polymer Sci. **13** (1969) 11, S. 2469–2481.

Ishida, Y.: Dielektrische Relaxation von Hochpolymeren im festen Zustand. J. Polymer Sci., A-2: Polymer Physics **7** (1969) 11, S. 1835–1861.

Tung, L. H., Runyon, J. R.: Eichung der durch das Gerät verursachten Verbreiterung im Gelchromatogramm. J. appl. Polymer Sci. **13** (1969) 11, S. 2397–2409.

Amrhein, E. M., Müller, F. H.: Zur Absorption von Polymeren im Fernen Infrarot. Kolloid-Z. u. Z. Polymere **234** (1969) 2, S. 1078–1082.

Yamaura, K., Hayashi, H., Matsuzawa, S., Go, Y.: Untersuchungen der mechanischen Denaturierung der Lösungen von Hochpolymeren. XVI. Fraktionierung von Polyvinylalkohol in wäßriger Lösung durch Scherkraft. Teil 2. Kobunshi Kagaku, Tokyo (Chem. High Polymers) **26** (1969) 295, S. 732–737. (jap.; engl. Zusammenfass.)

Lovrić, L.: Fraktionierung von Styrol/Acrylnitril-Copolymeren. J. Polymer Sci., A-2: Polymer Physics **7** (1969) 8, S. 1357–1366.

Domkin, V. S., Vasil'ev, B. V., Petrenko, V. A., Prokof'eva, M. V.: Einfluß der Substituenten auf den Strukturcharakter einiger Mischester der Cellulose. Vysokomol. Soed. (Hochmol. Verbind.) Serie B: Kratkie Soobšč. (Kurzmitt.) **11** (1969) 12, S. 873–876.

Physik und Chemie der Monomeren und Oligomeren

Parrish, C. F., Kochanny, G. L., jr., Rinn, H. W.: Phasendiagramm und Röntgenstreuungsanalyse im System Acrylsäure/Acrylamid. J. Polymer Sci., A-1: Polymer Chem. **7** (1969) 9, S. 2531–2535.

Subbotin, A. I.: Thermische Chlorierung von Äthylen mit gleichzeitiger Pyrolyse von 1,2-Dichloräthan. Chim. Prom. (Chem. Ind.) (1970) 1, S. 7–10.

Biały, J.: Herstellung eines hochmolekularen Polyoxyphenylens durch zweistufige Oxydationspolymerisation von 2,6-Xylenol. Synthese von Oligomeren. Teil I. Polimery, Warszawa **14** (1969) 10, S. 481–486.

Nettesheim, G.: Gewinnung von Cyclohexan aus Pyrolysebenzin und Leichtbenzin durch extraktive Destillation. Chemie-Ing.-Technik **41** (1970) 23, S. 1260–1265.

Polymerisation

Poljakov, D. K., Baranova, N. I., Gantmacher, A. R., Medvedev, S. S.: Untersuchung der Natur der aktiven Zentren bei anionischen Polymerisationsvorgängen. Dokl. Akad. Nauk SSSR (Ber. Akad. Wiss. UdSSR) **190** (1970) 1, S. 148–150.

Tanaka, Y., Ise, N., Sakurada, I.: Ionische Polymerisation im elektrischen Feld. XIV. Beweise gegen einen elektrolytischen Mechanismus. Macromolecules, Washington **2** (1969) 2, S. 215–216.

Stille, J. K., Gotter, L. D.: 1,3-Dipolare Additionspolymerisation. Die Synthese und die 1,3-dipolare Additionspolymerisation von Dipol-Dipolarophilen (A – B) Monomeren mit Tetrazol und Vinyl- oder Äthinyl-Gruppen. Macromolecules, Washington **2** (1969) 5, S. 465–468.

Ito, K.: Abbruchsgeschwindigkeitskonstante bei der Radikalpolymerisation. J. Polymer Sci., A-1: Polymer Chem. **7** (1969) 8, S. 2247–2253.

Tobolsky, A. V., Hopkins, I. L.: Analyse der heterodispersen Copolymerisation. J. Polymer Sci., A-1: Polymer Chem. **7** (1969) 8, S. 2431–2432.

O'Driscoll, K. F., Knorr, R.: Mehrkomponenten-Polymerisation. II. Der Einfluß der Mischung auf die Copolymerisation in Reaktionskesseln unter kontinuierlichem Rühren. Macromolecules, Washington **2** (1969) 5, S. 507 bis 515.

Konomi, T., Tani, H.: Tieftemperatur von Lactamen mittels Katalysatoren aus $NaAlÄt_4$ und dem Monomeren sowie mit verschiedenen Verbindungen als Initiatoren. J. Polymer Sci., A-1: Polymer Chem. **7** (1969) 8, S. 2255 bis 2267.

Boneckaja, A. K., Sopova, T. V., Salamatina, O. B., Skurator, S. M., Fabričnyj, B. P., Šalavina, I. F., Gol'dfarb, Ja. L.: Einfluß der Lage des Ringsubstituenten auf die Polymerisationsfähigkeit von C-alkylsubstituierten ε-Capro- und ζ-Önantholactamen. Vysokomol. Soed. (Hochmol. Verbind.) Serie B: Kratkie Soobšč. (Kurzmitt.) **11** (1969) 12, S. 894–898.

Griehl, W., Rüsten, D.: Herstellung, Eigenschaften und Anwendung von Nylon 12. Kunststoff-Rdsch. **17** (1970) 1, S. 2–6.

Hummel, D. O.: Strahlenchemische Synthese von Copolymeren aus α-Olefinen und polaren Comonomeren. Umschau Wiss. Technik **70** (1970) 1, S. 15.

Danzig, M. H.: Mit Propylen und Äthylen modifiziertes Polyvinylchlorid. Appl. Polymer Symposia (1969) 11, S. 19–38.

Hardy, G., Nyitrai, K., Cser, F.: Untersuchungen auf dem Gebiet der strahleninduzierten Polymerisation in fester Phase. XXV. Der Einfluß einer zweiten Komponente auf die Festkörperpolymerisation von Cetylvinyläther. Acta chim. Acad. Sci. hung **62** (1969) 3, S. 253–262. (engl.)

Chapiro, A., Sommerlatte, T.: Strahlungschemische Polymerisation von Acrylsäure in flüssiger und fester Phase. I. Kinetische Untersuchung. II. Untersuchung der erhaltenen Polymeren. Diskussion. Europaen Polymer J. **5** (1969) 6, S. 707–724; 725–745. (franz.)

Kikuchi, Y.: Elektroinitiierte Polymerisation von Acrylnitril mit Gleichstrom und mit Rechteckimpulsstrom. Kobunshi Kagaku, Tokyo (Chem. High Polymers) **26** (1969) 294, S. 701–707. (jap.; engl. Zusammenfass.)

Barrett, K. E. J., Thomas, H. R.: Kinetik der Dispersionspolymerisation von löslichen Monomeren. I. Methylmethacrylat. J. Polymer Sci., A-1: Polymer Chem. **7** (1969) 9, S. 2621–2650.

Contreras, I., Grotewold, J., Lissi, E. A., Rozas, R.: Durch Triäthylboran/Peroxid-Mischungen ausgelöste Polymerisation von Methylmethacrylat. J. Polymer Sci., A-1: Polymer Chem. **7** (1969) 8, S. 2341–1349.

Miller, L. A., Stannett, V.: Strahlungsinduzierte Polymerisation von Styrol in Gegenwart von n-Dibutyldisulfid. J. Polymer Sci. A-1: Polymer Chem. **7** (1969) 11, S. 3159–3176.

Machi, S., Silverman, J.: Blasenbildung bei der strahlungsinduzierten Pfropfung von Styrol auf Polyäthylen. J. Polymer Sci., A-1: Polymer Chem. **7** (1969) 9, S. 2737–2740.

Gisser, H., Mertwoy, H. E.: Polymerisation von α-n-Alkylstyrolen. I. Darstellung von α-n-Alkylstyrolen. Macromolecules, Washington **2** (1969) 5, S. 461–465.

Sonderfragen

Zahn, H.: Die Aachener Insulinsynthese. Textilindustrie, Mönchengladbach **72** (1970) 1, S. 50–52.

Pestemer, M., Theidel, H., Wagner, A.: Bewertung optischer Aufheller durch Messung ihrer Fluoreszenz- und Remissionsspektren. Melliand Textilber. **51** (1970) 1, S. 75–82.

II. Faserstoffe. Ausgangsstoffe usw.

Naturfaserstoffe

Pflanzliche Faserstoffe

Leszko, M.: Die Qualität des Flachsstrohes, der Flachsfasern, -garne und -erzeugnisse im Lichte der Erfahrungen von 1966 und 1967. Przegl. włókienn. (Textil-Rdsch.) **23** (1969) 12, S. 585–587.

Lange, H.: Bastfasern – ein vielseitiges Material. Textil-Praxis **25** (1970) 1, S. 34–38.

Tierische Faserstoffe

Chapman, B. M.: Ein mechanisches Modell für Wolle und andere Keratinfasern. Textile Res. J. **39** (1969) 12, S. 1102–1109.

Algie, J. E.: Einige dielektrische Eigenschaften von Wolle. Kolloid-Z. u. Z. Polymere **234** (1969) 2, S. 1059–1078, (engl.)

Chemiefaserstoffe

Zellulosische Chemiefasern behaupten sich. Spinner. Weber, Textilveredlung **88** (1970) 1, S. 17–20.

Der „spektakuläre" Fortschritt der chemischen Textilien. Ind. textile, Paris (1969) 895, S. 735–739.

Cellulose und Zellstoff

Gustafsson, L., Teder, A.: Alkalinität beim alkalischen Holzaufschluß. Svensk Papperstidn. **72** (1969) 24, S. 795–801. (engl.)

Jayme, G., Hasvold, K. K.: Der Einfluß der Mercerisation auf die Löslichkeit von Cellulosen in Cadoxen. Papier **24** (1970) 1, S. 1–3.

Hernadi, A.: Der Einfluß des pH-Wertes im Bleichprozeß auf die Menge der funktionellen Gruppen im Zellstoff sowie auf die Farbstabilität. Zellstoff u. Papier **19** (1970) 1, S. 3–11.

Kringstad, Knut P., Cheng W. Cheng: Untersuchungen der Lignin/Hemicellulose-Komplexe. Tappi, New York **52** (1969) 12, S. 2382–2385.

Regeneratfaserstoffe

Kollár, I.: Verfahren zur Rückgewinnung von Zinksulfat aus Abfallösungen. Chem. Vlákna, Svit (Chem. Fasern) **19** (1969) 6, S. 105–108.

Rousseau, R. W., Callihan, C. D., Daly, W. H.: Sulfonylcarbamatderivate der Cellulose. Macromolecules, Washington **2** (1969) 5, S. 502–507.

Synthetische Faserstoffe

Koch, P.-A.: Synthesefasern (Faserstoff-Tabellen). Textilveredlung, Weinfelden/Schweiz **5** (1970) 1, S. 60–70.

de Winter, W.: Für hochwärmebeständige Faserstoffe potentiell anwendbare Polymere. Appl. Polymer Symposia (1969) 9, S. 195–209.

Dawczynski, H.: Temperaturbeständige Faserstoffe. Wiss. u. Fortschr. **20** (1970) 1, S. 8–10.

Hare, R.: Du Pont-Fasern und ihre Rolle auf dem Markt der Damen-Maschenware und gestrickten Kleider in Großbritannien. Hosiery Trade J. **76** (1969) 910, S. 76.

Bach, H. C., Sechrist, J. R.: Stabilisierung von Faserstoffen aus aromatischen Bithiazolamiden. Appl. Polymer Symposia (1969) 9, S. 177–185.

Preston, J., Black, W. B., de Winter, W.: Faserstoffe aus geordneten heterocyclischen Benzimidcopolymeren. Appl. Polymer Symposia (1969) 9, S. 145–158.

Preston, J.: Faserstoffe aus geordneten Benzheterocycloamidcopolymerisaten. Appl. Polymer Symposia (1969) 9, S. 75–88.

Buchfeld, M.: Stand der Foliefadentechnik. Dt. Textiltechnik **20** (1970) 2, S. 82–89.

Künstliche mineralische Faserstoffe

Hansmann, J.: Glas und Glasfasererzeugnisse. Melliand Textilber. **51** (1970) 1, S. 11–21.

Glasfaserstoffe: PPG ist optimistisch. Chem. engng. News **47** (1969) 51, S. 15.

Ausgangsstoffe. Schaumstoffe. Kautschuk

Gable, C. L.: Polyurethan-Elastoplaste. Appl. Polymer Symposia (1969) 11, S. 47–75.

Burnell, C. N., Parry, R. H.: Tyrin, ein chloriertes Polyäthylen: seine Chemie, Eigenschaften und Anwendungen. Appl. Polymer Symposia (1969) 11, S. 95–118.

Zitzmann, B.: Extrusionstrocknung. Chemie-Ing.-Technik **42** (1970) 1, S. 41–44.

III. Fäden-Herstellungstechnologien

Spinnerei. Zwirnerei

Linke, W.: Probleme der Verspinnung von Wolle mit Synthesefasern. Textilindustrie, Mönchengladbach **72** (1970) 2, S. 91–92.

Sachnovskij, A. D.: Über die Erhöhung der Produktivität von Kammgarnspinnmaschinen. Tekstil. Prom. Moskva (Textil-Ind.) **29** (1969) 11, S. 26 bis 27.

Spinnereivorbereitung

Neuartige Methode der Faseröffnung. Textile Month (1969) 8, S. 45–46.

Hewitt, A., Townend, P. P.: Wollwaschverfahren: Krempel- und Kämmversuche. Teil 1. Sandkonzentration. Teil 2. Textile Manuf. **95** (1969) 1138, S. 406–408; 1139, S. 435–438.

Oxtoby, E.: Muster des Faserbruchs beim Spinnen und Bildung von Flugabfall. Textile Manuf. **95** (1969) 1138, S. 400–403.

Spinnerei

Tarasov, S. V.: Entwicklungsperspektiven der Technik und der Technologie des Flachsspinnens. Tekstil. Prom., Moskva (Textil-Ind.) **29** (1969) 10, S. 41–43.

Radovickij, V. P., Strel'cov, B. N., Ljapin, A. G.: Entwicklung des elektrostatischen Spinnens. Tekstil. Prom., Moskva (Textil-Ind.) **29** (1969) 10, S. 36–41.

Kerékgyártó, P., Zolna, A.: Über die erweiterte Einführung der Trockenspinntechnologie in die Flachsspinnerei. Magyar Textiltechn. **22** (1970) 1, S. 15–23.

Schnitzler, G.: Untersuchung des Verschleißes der Kratzenbeschläge der Baumwollkarde. Bull. Inst. Textile France **23** (1969) 144, S. 643–650.

Texturfäden

Teppichgarn-Streck-Texturiermaschine TSK. Chemiefasern **20** (1970) 2, S. 142–143.

Teucher, F.: Bedeutung und perspektivische Aufgaben der Produktionsstufe Texturierung im Industriezweig Trikotagen und Strümpfe. Bekleid. u. Maschenware **9** (1970) 1, S. 2–4.

Kern/Mantel-Fäden

Florescu, N.: Das Spinnen elastischer Core-Garne. Ind. textilă, București **20** (1969) 12, S. 856–860.

IV. Flächengebilde-Herstellungstechnologien

Ford, J. E.: Trends bei Teppichabseiten: Ein Überblick. Textile Month (1969) 8, S. 62, 64, 65.

Selbsttätige Aufrolleinrichtung bearbeitet alle Fußbodenbeläge. Textile Month (1969) 8, S. 47.

Faerman, V. T.: Fadenlose Verbindung baumwollhaltiger Gewebe. Tekstil. Prom., Moskva (Textil-Ind.) **29** (1969) 10, S. 65–67.

Materialvorbereitung

Rózycki, A.: Programmierung elektronischer Garnreiniger und ihr Einsatzgebiet. Technik włókienn. (Textiltechn.) **18** (1969) 8, S. 237–240.

Dinkel, A.: Der Einsatz von Polyvinylalkohol in der textilen Fertigung. Spinner, Weber, Textilveredlung **88** (1970) 2, S. 130–132.

Weberei

Zuzański, F.: Festigkeit und Spannung des Garns im Webprozeß. Technik włókienn. (Textiltechn.) **18** (1969) 6, S. 179–182.

Melling, K. J.: Manuelles Einziehen in extra-breite Webmaschinen. Textile Manuf. **95** (1969) 1139, S. 445–449, 452.

Erzeugnisse der Weberei

Welge, W. E.: Neue Entwicklungen auf dem Teppichmarkt. Chemiefasern **20** (1970) 2, S. 113–116.

Wirkerei und Strickerei. Konfektion. Sonstige Technologien

Ist die Maschenindustrie wenig bekannt? Ind. textile, Paris (1969) 985, S. 743–745.

Einfacher Jersey und Entwicklungen der Camber International Ltd. Hosiery Trade J. **76** (1969) 910, S. 102–104, 117.

Preda, C., Freymeier, B., Gindila, I., Balla, A.: Möglichkeiten der Herabsetzung des spezifischen Garnverbrauchs beim Nähen von Trikotagenerzeugnissen. Ind. textilă, București **20** (1969) 12, S. 861–863.

Wirkerei- und Strickerei-Technologie

Bauder, R., Schäch, W.: Einführung in die Maschentechnik. Textil-Praxis **25** (1970) 1, S. 28–31.

Gibson, K. H., Lawson, J. B., Dangel, S. C.: Einsatz der Präzisionsstrickmaschine F. A. K. für die Beurteilung von Texturfäden. Hosiery Trade J. **76** (1969) 911, S. 146–149.

Erzeugnisse der Wirkerei und Strickerei

Bezkostova, S. F.: Festigkeitsverluste der Glasseide beim Verarbeiten auf Großrundstrickmaschinen. Izv. vysšich uč. Zav. Technol. legkoj Prom. (Hochschulnachr. Technol. Leichtind.) (1969) 5, S. 134–138.

Rowbotham, J. I.: Skulpturartig gemusterter einfacher Jerseyplüsch. Hosiery Trade J. **76** (1969) 912, S. 71–72.

Rowbotham, J. I.: Rüschenspitze – Einfachjersey. Hosiery Trade J. **76** (1969) 911, S. 143–144.

Konfektion

Koller, K. Fr.: Aus dem Ergebnis einer gruppenwirtschaftlichen Untersuchung in der Herren-Oberbekleidungs- und Wäsche-Industrie. Bekleid. u. Wäsche **22** (1970) 3, S. 158–162.
Band im Regen. Du Pont Mag. (1969) Sept./Okt., S. 21–23.
Wolf, S.: Die gebräuchlichsten Herstellungsverfahren der Klebetextilien für die Bekleidungsindustrie. Bekleid. u. Maschenware **8** (1969) 6, S. 247 bis 251.
Kowalski, J., Gozdal, A.: Einsatz eines Fließbandes im System der Konfektionierung von Obertrikotagen bei gleichzeitiger Herstellung von vier Modellen. Technik włókienn. (Textiltechn.) **18** (1969) 7, S. 209–213.

Textilverbundstoffe

Jędrzejewski, W.: Ökonomische Aspekte und Perspektiven für die Entwicklung der Vliesstoffproduktion. Technik włókienn. (Textiltechn.) **18** (1969) 9, S. 282–286.

Faserverbundstoffe. Vliesstoffe

Vliesstoffe für die Technik. VDI-Nachr. **24** (1970) 4, S. 20.
Klebvliesstoffe. Tekstil. Prom., Moskva (Textil-Ind.) **29** (1969) 10, S. 62 bis 63.
Vliesstoffe in starker Expansion. Chemiefasern **20** (1970) 2, S. 143–144.
Lünenschloß, J., Janitza, J.: Die Untersuchung des Vernadelungsvorganges bei der Nadelfilzherstellung. Textil-Praxis **25** (1970) 1, S. 24–27.

Schichtstoffe

Gönci, A.: Erzeugung und Qualitätsprüfung von Tufted-Teppichen. II. Teil. Magyar Textiltechn. 22 (1970) 1, S. 32–38.
Nicht verwirklichte Gewinnmöglichkeiten der Tuftingindustrie. Teil 3. Textile Ind. **133** (1969) 9, S. 81, 85, 88, 90, 93, 95, 97–99, 101, 104.

V. Textilveredlung

Farbstoffe. Textilhilfsmittel

Feess, E.: Die Coloristik der Remazol-Farbstoffe. Melliand Textilber. **51** (1970) 2, S. 197–217.
Hyle, R. E.: Neue Einsatzmöglichkeiten für Zeset TP. Textilindustrie, Mönchengladbach **72** (1970) 1, S. 53–56.

Bleicherei. Sonstige Vorbehandlungsarbeiten der Textilveredlung

Welches Bleichverfahren? Textile Ind. **133** (1969) 9, S. 150, 158, 160, 165, 166.
Schürings, W.: Optische Aufheller in der Peroxid-Kontinuebleiche für Cellulosefasern. Textilveredlung, Weinfelden/Schweiz **5** (1970) 1, S. 15 bis 30.

Färberei

Bassi, A.: Das Färben ohne Entschlichten. Fibre e Colori, Milano **19** (1969) 12, S. 466–469.
Färben mit Lösungsmittel. Internat. Dyer, Textile Printer, Bleacher, Finisher **142** (1969) 9, S. 660.
Hofstetter, H. H.: Die Anwendung organischer Lösungsmittel in der Textilveredlung. IV. Mitteilung: Literatur über die Anwendungsmöglichkeiten organischer Lösungsmittel in der Ausrüstung und Färberei von Wolle. Melliand Textilber. **51** (1970) 1, S. 91–95.
Rais, J., Jiránek, J., Kryštůfek, J.: Versuche zum Färben von endlosen Polyamidgarnen im Verlauf der Kräuselung. Melliand Textilber. **51** (1970) 2, S. 217–224.
Charcharov, A. A., Makarovskaja, N. I.: Färben von Leacril-Hochbauschfäden. Tekstil. Prom., Moskva (Textil-Ind.) **29** (1969) 10, S. 64–65.

Druckerei

Adam, S. T., Olariu, V., Strejnicu, C., Georgescu, M.: Bedrucken von Wollkammzug nach dem Vigoureux-Verfahren. Ind. textilă, Bucureşti **20** (1969) 12, S. 867–870.

Ausrüstung. Trocknung

Rogovin, Z. A.: Chemische Modifizierung der Cellulosefaserstoffe. Technik włókienn. (Textiltechn.) **18** (1969) 6, S. 174–176.
Starzomska, G.: Ausrüsten der Anzugsgewebe mit Anteil von hochelastischen Polyurethanfasern des Spandextyps. Przegl. włókienn. (Textil-Rdsch.) **23** (1969) 11, S. 547–549.
Riedel, D.: Qualitätsverbesserung von Woll- und Wollmischwaren durch direktes Klimatisieren nach dem Pressen. Spinner, Weber, Textilveredlung **88** (1970) 2, S. 133–135.
Køpke, V.: Fixieren von Woll- und Wollmischgeweben mit Dampf im Autoklaven. Textilindustrie, Mönchengladbach **72** (1970) 2, S. 104–111.
Adler, A., Brenner, W.: Neue beständige Flammfestausrüstungen für Polypropylentextilien. Nature, London **225** (1969) 5227, S. 60.
Diligenskij, S. N., Nuraliev, D. A.: Einige Arten der Verbesserung der Steuersysteme für Trockner. Tekstil. Prom., Moskva (Textil-Ind.) **29** (1969) 11, S. 66–68.

Wäscherei. Chemische Reinigung

Karwath, W.: Wäschehygiene im Gesundheitswesen. Textilreinigung, Leipzig **17** (1970) 2, S. 37–41.
Köhler, S.: Abdeckung von Muldenmangeln. Textilreinigung **17** (1970) 1, S. 24–25.

VI. Werkstoffprüfung. Meß- und Prüftechnik. Standardisierung

Eigenschaften und Fehler der Textilmaterialien u. a.

Moncrieff, R. W.: Beständigkeit einiger synthetischer Faserstoffe gegen Kernstrahlung. Textile Manuf. **95** (1969) 1138, S. 404, 405, 408.
Kolotilova, G. V., Modestova, T. A.: Beurteilung der relativen Steifigkeit von Bekleidungsstoffschichten nach der Größe der Verformbarkeit. Izv. vysšich uč. Zav. Technol. legkoj Prom. (Hochschulnachr. Technol. Leichtind.) (1969) 5, S. 111–114.
Kopczyński, J.: Einfluß der Aufbereitung von Flachs auf Doppelbrechung und Polymerisationsgrad der Elementarfasern. Zesz. nauk. Politechn. Łódźkiej (Wiss. H. Techn. Hochsch. Łódź) (1968) 108, Włókiennictwo (Textilind.) 18, S. 31–39.
Gandhi, R. S.: Fixier/Superkontraktionseigenschaften von Keratinfasern. Textile Res. J. **39** (1969) 12, S. 1096–1102.
Wegener, W., Ehrler, P.: Gegenwärtige Vorstellungen über die Ungleichmäßigkeit idealisierter und realer Faserverbände. Melliand Textilber. **51** (1970) 2, S. 127–133.
Zurek, W., Bartos, J.: Der Zusammenhang zwischen der Faserlängenverteilung von Baumwolle vor und nach der Behandlung. II. Textilis, Gent 25 (1969) 10, S. 39–42, 45, 46, 48.
Schulman, St.: Sinnvolle Bewertungsverfahren für neue wärmebeständige Faserstoffe. Appl. Polymer Symposia (1969) 9, S. 21–22.

Meß- und Prüftechnik

Head, F. S. H., Hadfield, G. E.: Zugänglichkeit von Baumwolle und chemisch gequollenen Baumwollpräparaten für Methylierungsmittel. J. Polymer Sci., A-1: Polymer Chem. **7** (1969) 9, S. 2517–2529.
Kaufmann, S.: Messung des Weißgrades optisch aufgehellter Faserstoffe und Textilien mit dem Leukometer. Dt. Textiltechnik **20** (1970) 2, S. 107 bis 114.
Schnellbestimmung der Unregelmäßigkeit der linearen Masse von Wollbändern, -lunten und -garnen mit Hilfe des Zellweger/Uster-Gleichmäßigkeitsprüfgerätes. Ann. sci. textiles belges (1969) 4 (12), S. 66–92. (franz.)
Hunzinger, S., Reitzer, M.-Th., Schutz, R. A.: Neuer Beitrag zur Untersuchung der Drehungsbestimmung von Kammgarnen. Bull. Inst. Textile France **23** (1969) 144. S. 636–642.
Schönholzer, P., Hildbrand, H., Schwemmer, M., Sieber, P.: Siliciumbestimmung an Geweben mittels der Neutronenaktivierungsanalyse. Textilveredlung, Weinfelden/Schweiz **5** (1970) 1, S. 30–32.
Quantitative chemische Faseranalyse. Textilveredlung, Weinfelden/Schweiz **5** (1970) 1, S. 50–59.
Stratmann, M.: Das Löslichkeitsverhalten der Faserstoffe. Textilindustrie, Mönchengladbach **72** (1970) 1, S. 13–19.
Zurek, W., Bartos, J.: Vergleich der mittels verschiedener Methoden gemessenen charakteristischen Längen von „Upland"-Baumwolle. Zesz. nauk. Politechn. Łódźkiej (Wiss. H. Techn. Hochsch. Łódź) (1968) 108, Włókiennictwo (Textilind.) 18, S. 5–29. (engl.)
Die Fixierung der Drehung und die Kringelneigung von Fäden: Maßstab für und Einfluß auf das Verdrehen von Gewirken. Bull. Inst. Textile France **23** (1969) 144, S. 652–662.
Heeremans, C.: Beitrag zur Untersuchung der Prüfung mit dem „Bocking Tetrapod Walker"-Gerät. Teil 1. Ann. sci. textiles belges (1969) 4 (12), S. 29–43. (fläm.)
Festigkeitserhöhung in Wollgarnen durch Dispersion aus verdampfter Tonerde. Textile Manuf. **95** (1969) 1137, S. 363–364.

Standardisierung. Terminologie

Heinen, W.: Das deutsche Textilkennzeichnungsgesetz – Entwicklung, Inhalt, Kommentar. – Melliand Textilber. **51** (1970) 2, S. 231–233.
Heinen, W.: Das deutsche Textilkennzeichnungsgesetz – Entwicklung, Inhalt, Kommentar – Melliand Textilber. **51** (1970) 1, S. 105–107.

VII. Betriebstechnik. Ökonomie. Tagungsberichte und dgl.. Sonderfragen

Betriebstechnik

Graeser, A.: Elektronische Datenverarbeitung in der fertigungstechnischen Praxis der Weberei. Melliand Textilber. **51** (1970) 1, S. 34–41.
Schmigalla, H., Ristow, B.: Weitere Modifikation des Dreieckverfahrens zur optimalen Maschinenanordnung. Fertigungstechnik u. Betrieb **20** (1970) 2, S. 73–77.
Söllner, G.: Luftbewegungen in beleuchteten und klimatisierten Räumen. Lichttechnik **22** (1970) 1, S. 17–21.
Kontrolle durch Wägen in Textilbetrieben. Spinner, Weber, Textilveredlung **88** (1970) 2, S. 150.
Klank, D.: Anwendungsbeispiele für die Lagertechnik in der Konfektionsindustrie. II. Bekleid. u. Maschenware **8** (1969) 6, S. 251–253.
Preßluft unterstützt Stoffproduktion. Textile Manuf. **95** (1969) 1139, S. 443 bis 444.
Trošin, G. A.: Vorrichtung für das Putzen der Krampfmaschinentrommel. Tekstil. Prom., Moskva (Textil-Ind.) **29** (1969) 11, S. 53–54.
de Backer, R.: Textiletikettierung als Mittel zur Verkaufsförderung. Tex. Doetinchem/Nd. **28** (1969) 12, S. 523–525.
Heynemann, W., Opper, A.: Behandlung von Abwässern aus der Textilindustrie. Spinner, Weber, Textilveredlung **86** (1970) 2, S. 119–122.

Ökonomie

Andreenko, A. J. (Schreibw. i. Orig.: *Andrejenko, A. J.*): Der Arbeitstag und seine Ausnutzung .Teil II. Presse der SU, Ausg. A, Berlin (1970) 23, Beilage S. 1–16.
Waldenburger, M.: Warum müssen Arbeitsstudium und Operationsforschung zusammenwirken? Wirtschaft, Ausg. A **25** (1970) 8, S. 16–17.
König, W.: Anwendung moderner Methoden der sozialistischen Wirtschaftsführung in der Textilindustrie. Dt. Textiltechnik **20** (1970) 2, S. 73–82.
Lennox-Kerr, P.: Die Textilindustrie in den sozialistischen Ländern. Mod. Textiles Mag. **50** (1969) 12, S. 65–70.
Schilling, G.: Zu einigen Aspekten der Durchsetzung des Systemcharakters in Prognose und Perspektivplanung. Wirtschaftswiss. **18** (1970) 2, S. 178 bis 193.
Grimm, R.: Funktions- bzw. Gebrauchswert-Kosten-Analyse (Wertanalyse) und Arbeitsstudium. Sozial. Arbeitswiss. **14** (1970) 1, S. 46–53.
Lefebvre, H.: Die Selbstkosten beim Färben und Ausrüsten kalkulieren können. Ind. textile, Paris (1969) 984, S. 709–715.
Wange, H.: Struktur und Aufbau der Vertriebsorganisation. Textilreinigung Leipzig **17** (1970) 2, S. 42–45.

Sonderfragen

„Überholen ohne einzuholen" – ein wichtiger Grundsatz unserer Wissenschaftspolitik. Wirtschaft, Ausg. A **25** (1970) 9, S. 8–10.
Das Internationale Baumwoll-Institut. Bekleid. u. Wäsche **22** (1970) 3, S. 206, 208.
Klinger, H.: Die Ausbildung sozialistischer Betriebswirtschaftler der Leichtindustrie an der Sektion Sozialistische Betriebswirtschaft der Technischen Universität Dresden. Dt. Textiltechnik **20** (1970) 2, S. 115–121.
Adrian, J.: Das britische Patenteinspruchsverfahren. Neuerer, Ausg. B (1970) 1, S. 15–19.

FSC
www.fsc.org
MIX
Papier | Fördert gute Waldnutzung
FSC® C083411

Zeitfracht Medien GmbH
Ferdinand-Jühlke-Straße 7
99095 Erfurt, Deutschland
produktsicherheit@kolibri360.de